“1+X”

职业技能等级证书配套系列教材

安卓应用开发

中级

腾讯科技（深圳）有限公司◆主编

张晓华 罗运贞 周会国 周杰◆副主编

人民邮电出版社

北京

图书在版编目（CIP）数据

安卓应用开发 : 中级 / 腾讯科技（深圳）有限公司主编. -- 北京 : 人民邮电出版社, 2023.6
“1+X”职业技能等级证书配套系列教材
ISBN 978-7-115-57615-6

Ⅰ. ①安… Ⅱ. ①腾… Ⅲ. ①移动终端－应用程序－程序设计－职业技能－鉴定－教材 Ⅳ. ①TN929.53

中国版本图书馆CIP数据核字(2022)第177875号

内 容 提 要

本书是“1+X”职业技能等级证书配套系列教材之一，对应“安卓应用开发”职业技能等级（中级）证书。本书以《安卓应用开发职业技能等级标准》中的中级标准的职业技能要求为依据，以专业技能为模块，以工作任务为驱动组织编写，力图使读者对安卓（Android）应用开发有更系统、更清晰的认识。全书包含 Kotlin 基础和开发环境搭建、多媒体技术应用、定位与地图服务开发、传感器应用开发、主流框架的应用、组件化开发、Android 底层原理认知 7 个项目，共计 26 个任务。读者可在一个个任务的实现中循序渐进地达到“安卓应用开发”职业技能等级（中级）的标准，从而能够利用所学技术解决实际问题，提升软件开发能力。

本书可作为“1+X”职业技能等级证书中的“安卓应用开发”等级（中级）证书的配套教材，也可作为高等院校本、专科计算机相关专业的教材。

◆ 主　　编　腾讯科技（深圳）有限公司
　副 主 编　张晓华 罗运贞 周会国 周　杰
　责任编辑　刘　佳
　责任印制　王　郁　焦志炜
◆ 人民邮电出版社出版发行　　北京市丰台区成寿寺路 11 号
　邮编　100164　　电子邮件　315@ptpress.com.cn
　网址　https://www.ptpress.com.cn
　山东华立印务有限公司印刷
◆ 开本：787×1092　1/16
　印张：16.75　　2023 年 6 月第 1 版
　字数：412 千字　　2023 年 6 月山东第 1 次印刷

定价：59.80 元

读者服务热线：(010)81055256　印装质量热线：(010)81055316
反盗版热线：(010)81055315
广告经营许可证：京东市监广登字 20170147 号

前言 PREFACE

Android 是谷歌（Google）公司开发的基于 Linux 的开源操作系统，主要应用于智能手机、平板电脑、可穿戴设备、智能家居、车载设备等领域。随着其应用领域的进一步扩大以及党的二十大报告提出的“加快建设数字中国”所赋予青年人的时代使命和历史责任，Android 应用开发技术人员的市场需求日益增加，Android 应用开发已经成为各高校程序设计类的课程之一。

《国家职业教育改革实施方案》提出，要“在职业院校、应用型本科高校启动‘学历证书+若干职业技能等级证书’制度试点工作”，即“1+X”证书试点工作。“1+X”证书制度成为课程体系建设的“黏结剂”和“连通器”。

本书在内容的选取和组织上，以腾讯科技（深圳）有限公司发布的《安卓应用开发职业技能等级标准》中的中级标准的职业技能要求为依据，以专业技能划分模块，将知识点、技能点、认证考点融入任务中，由浅入深、循序渐进，使读者知行合一，学以致用。每个项目包含若干任务，每个任务由任务描述、问题引导、知识准备、任务实施、知识拓展等部分构成。任务的选取和设置有助于读者通过实际任务进行“模仿”，增加对代码编写的感性认识，在模仿过程中对代码的语法、规则、技巧等进行领会应用，完成课堂任务，最后通过项目实训进一步巩固理论知识与专业技能。教师在讲授过程中，可以根据书中各任务的设置，灵活组织教学内容，将枯燥的知识点融入任务中，在任务的实现过程中进行必要的引导、指导、答疑等工作，及时发现并解决各种共性和个性问题，提高教学效率。

本书面向的读者需要具备 Android 应用开发的基本技能。全书共 7 个项目，简单介绍如下。

项目 1　Kotlin 基础和开发环境搭建。主要介绍 Kotlin 程序设计基础和开发环境搭建，包括 Kotlin 基础编程、Kotlin 开发环境搭建和配置等。

项目 2　多媒体技术应用。主要介绍 Android 多媒体技术相关的知识，包括图形的绘制和处理、动画的实现、音频和视频的播放，以及对 Android 系统相机的使用等。

项目 3　定位与地图服务开发。主要介绍定位与地图服务的相关内容，包括 Android 系统下全球定位系统（GPS）的核心 API、腾讯位置服务地图 SDK 的使用等。

项目 4　传感器应用开发。主要介绍 Android 系统下传感器的相关知识，包括方向传感器、加速度传感器等。

项目 5　主流框架的应用。主要介绍 Android 流行框架，包括网络框架、图片处理框架和日志框架等。

项目 6　组件化开发。主要介绍组件化开发的相关内容，包括开发通用 UI 组件、封装网络请求组件、封装通用业务组件，以及在应用中使用 Jetpack 架构组件。

项目 7　Android 底层原理认知。主要介绍 Android 底层原理的相关知识，包括 Android 系统服务的启动和工作原理、Android 系统进程启动过程的相关原理、Android 组件的相关原理、Android 跨进程通信的相关原理和 Android 线程间通信的相关原理等。

本书由腾讯科技（深圳）有限公司任主编，张晓华、罗运贞、周会国、周杰任副主编。

由于编者水平有限，书中难免有不妥之处，敬请广大读者批评指正。读者可登录人邮教育社区（www.ryjiaoyu.com）下载本书相关资源。

编者

2023 年 1 月

目录 CONTENTS

项目 1　Kotlin 基础和开发环境搭建

本项目通过安装 Kotlin 插件来帮助读者了解 Kotlin 开发环境的搭建，并通过用 Kotlin 语言实现倒计时功能的任务来帮助读者理解 Kotlin 语言的基础知识，重点了解：Kotlin 泛型和注解、Kotlin 的反射和 Kotlin 中的协程。

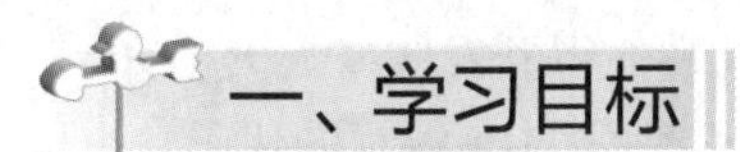

一、学习目标

素养拓展–工匠精神

（一）知识目标

1. 能够掌握 Kotlin 基础语法、Kotlin 类型与表达式。
2. 能够理解 Kotlin 泛型和注解。
3. 能够掌握 Kotlin 的反射。
4. 能够掌握 Kotlin 中的协程。

（二）技能目标

1. 能够进行 Kotlin 安装包的下载与安装。
2. 能够进行 Kotlin 开发环境的搭建与配置。
3. 能够利用常见集成开发环境创建工程项目，并能使程序正确编译和运行。

（三）素质目标

培养读者精益求精的工匠精神。

二、项目描述

2017 年，Google 宣布 Kotlin 为 Android 官方开发语言，因此，我们有必要掌握 Kotlin 的基础知识。在本项目中，我们将完成 Kotlin 开发环境的搭建，并熟悉 Kotlin 的基础知识。

本项目由两个任务构成，分别是 Kotlin 简介及开发环境搭建，用 Kotlin 语言实现倒计时功能。

三、项目实施

Kotlin 简介及开发环境搭建安装

任务 1　Kotlin 简介及开发环境搭建

（一）任务描述

在 Android Studio 中安装 Kotlin 插件，搭建 Kotlin 开发环境，以便能在 Android Studio 中使用 Kotlin 编写代码。

（二）问题引导

为什么要安装 Kotlin 插件？因为在默认情况下，Android Studio 安装完成后，还不能使用 Kotlin 编写代码。要想使用 Kotlin 编写代码，必须安装 Kotlin 插件。

（三）知识准备

Kotlin 是 JetBrains 公司在 2011 年推出的一种基于 Java 虚拟机（Java Virtual Machine，JVM）的静态类型编程语言。Kotlin 可以编译成 Java 字节码，也可以编译成 JavaScript，以便在没有 JVM 的设备上运行。

使用 Kotlin 语言，对于 Android 应用开发来说，主要有下面几个优势。

- 减少空指针异常。
- 减少代码量：同样的功能用 Kotlin 开发，代码量要比 Java 少 50%甚至更多。
- 提升开发效率：增加了许多现代高级语言的语法特性，使得开发效率大大提升。
- 实现与 Java 语言的无缝连接：Kotlin 可以直接调用和使用 Java 编写的代码，也可以无缝使用 Java 第三方开源库。

（四）任务实施

在 Android Studio 中搭建 Kotlin 开发环境，需要安装 Kotlin 插件，步骤如下。

① 选择菜单 File|Settings，弹出 Settings 窗口，如图 1-1 所示。

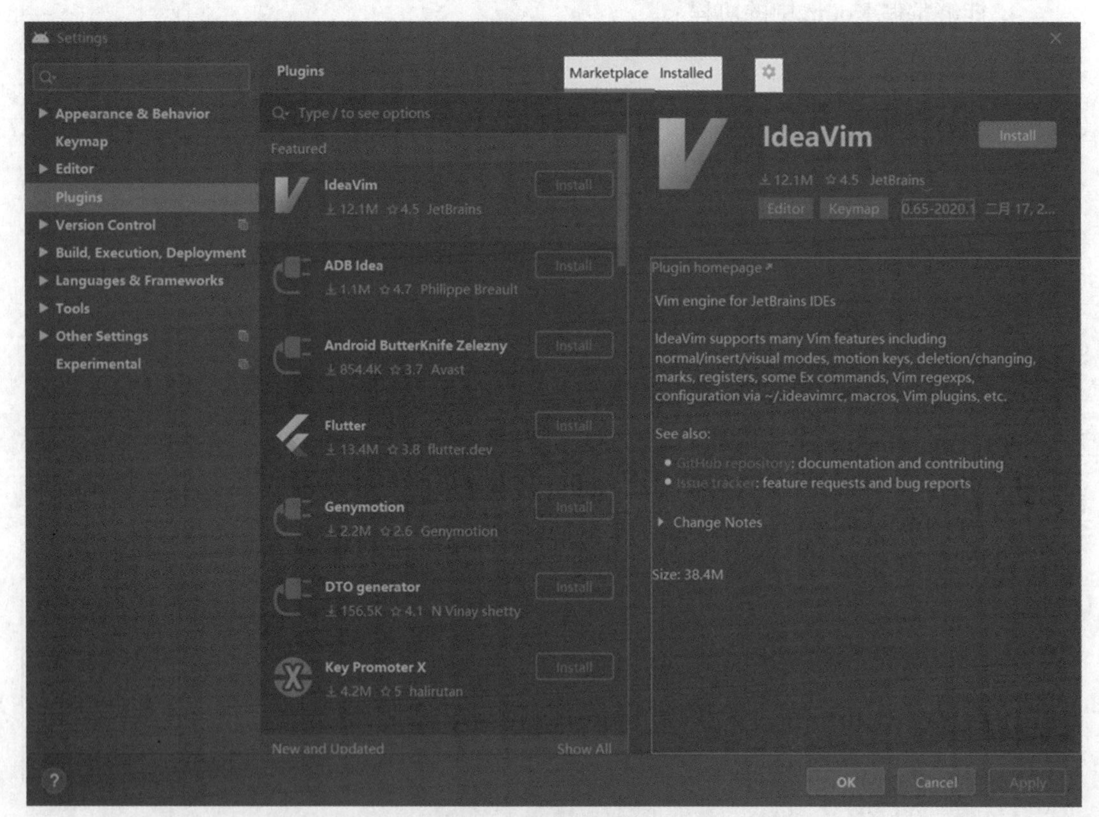

图 1-1　Settings 窗口

② 单击 Plugins，在搜索框中输入 Kotlin 进行搜索，如图 1-2 所示。

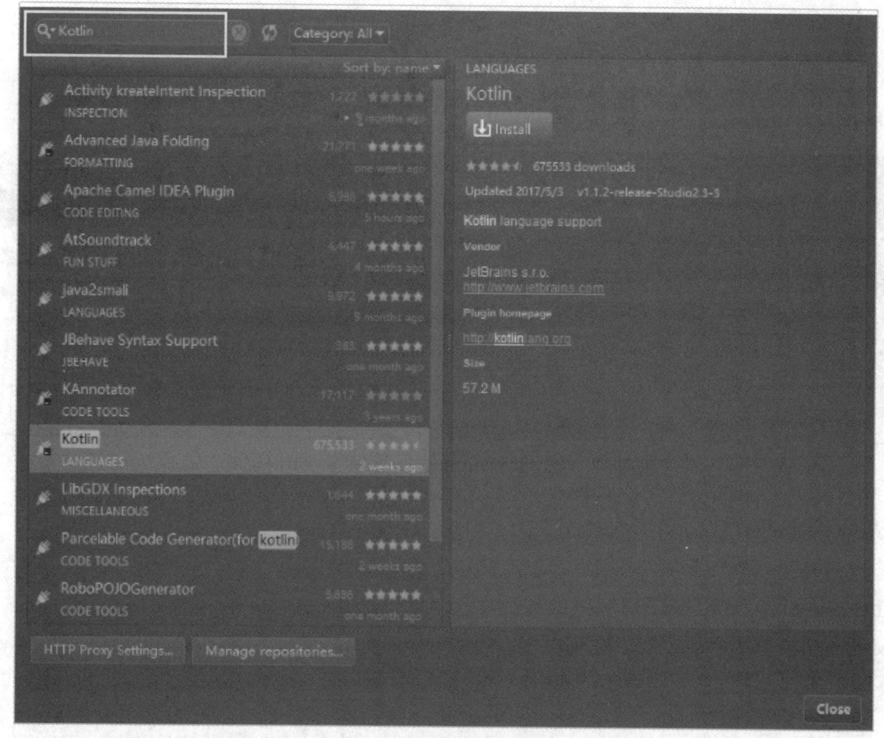

图 1-2　搜索 Kotlin

③ 单击 Install 按钮后等待安装完成即可，如图 1-3 所示。

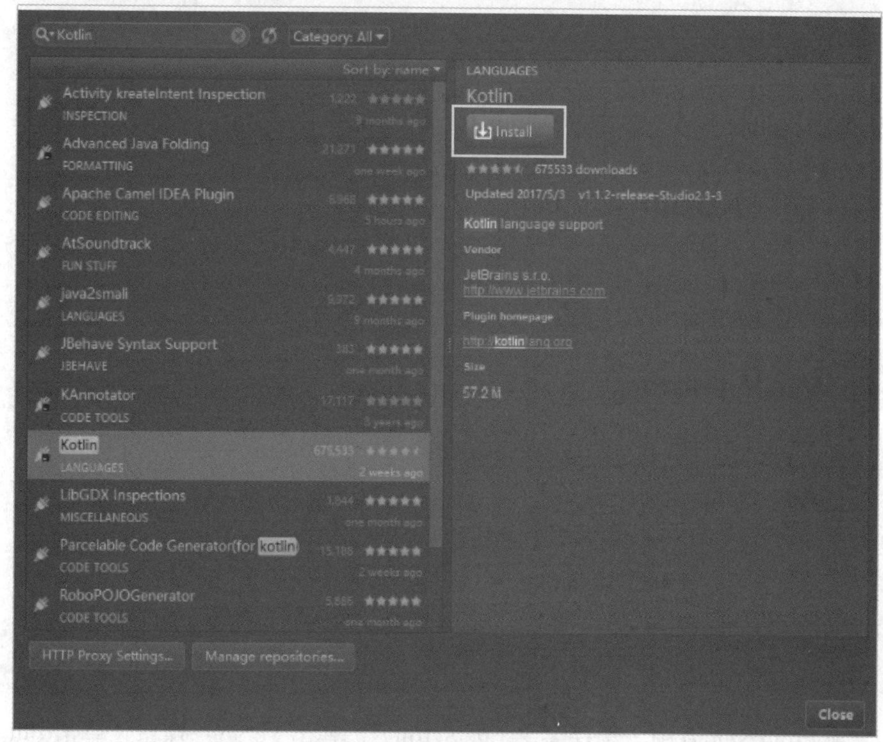

图 1-3　安装 Kotlin 插件

（五）知识拓展

Kotlin 插件还可以离线下载安装，步骤如下。

① 访问 JetBrains 官网，搜索 Kotlin 插件，如图 1-4 所示。

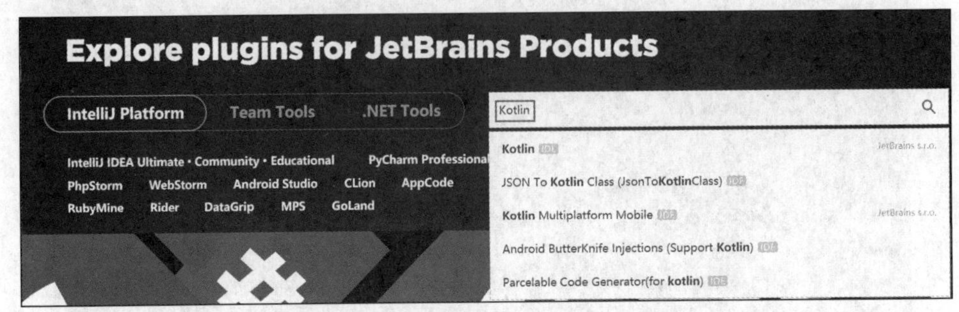

图 1-4 在 JetBrains 官网搜索 Kotlin 插件

② 选择 Kotlin 插件，如图 1-5 所示。

图 1-5 选择 Kotlin 插件

③ 选择想要的版本号，单击 Download 下载，如图 1-6 所示。

图 1-6 下载插件

④ 在 Android Studio 中，选择菜单 File|Settings，弹出 Settings 窗口，单击 Plugins，单击右侧齿轮图标，选择 Install Plugin from Disk...选项导入插件，如图 1-7 所示。

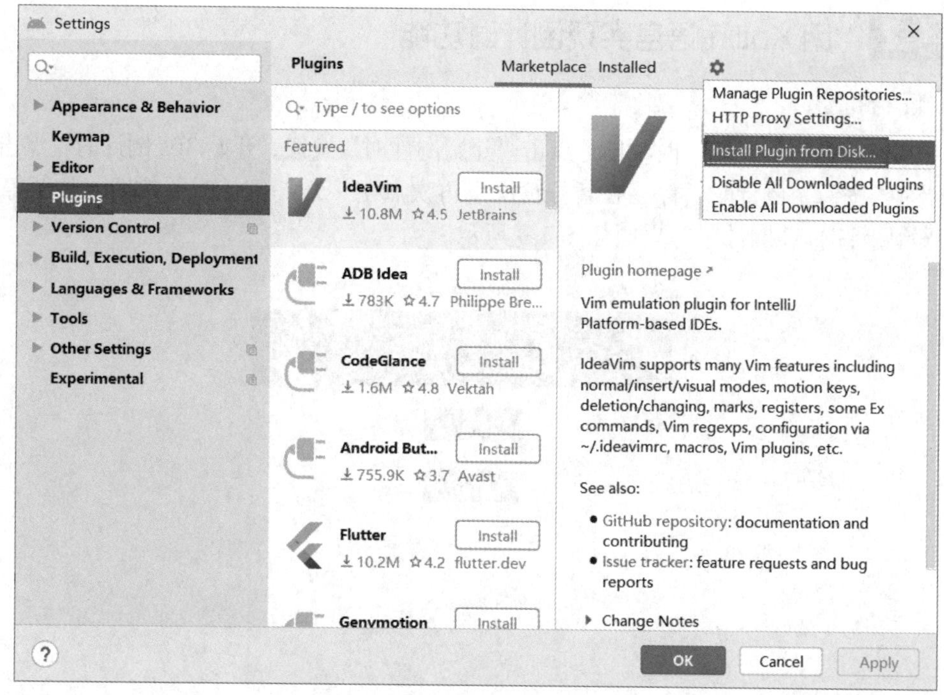

图 1-7　导入插件

⑤ 选择下载好的插件的路径，单击 OK 按钮安装插件，如图 1-8 所示。安装完成后重启 Android Studio 即可。

图 1-8　选择下载好的插件的路径

任务2 用 Kotlin 语言实现倒计时功能

（一）任务描述

用 Kotlin 语言实现倒计时功能。点击“开始倒计时”按钮，开始 30s 倒计时；点击“暂停倒计时”按钮，倒计时暂停；在暂停情况下再次点击“开始倒计时”按钮，从暂停时的时间开始倒计时。“倒计时”界面如图 1-9 所示。

图 1-9 “倒计时”界面

（二）问题引导

如果将所有代码都写在主线程，那么会引起在倒计时过程中无法点击按钮的问题，本任务中我们将通过协程解决这个问题。

（三）知识准备

每种编程语言都有一套自己的语法规范，Kotlin 语言也同样需要遵循一定的语法规范，如注释、包声明、函数定义、变量与常量定义等。想要学好 Kotlin 语言，需要从熟悉其基础语法开始学习。

Kotlin 基础-1

1. Kotlin 基础语法

（1）注释

Kotlin 支持单行和多行注释，示例如下：

```
// 这是一个单行注释
```

```
/* 这是一个多行的
   块注释 */
```

（2）包声明

Kotlin 代码文件的开头一般为包声明：

```
package com.test.main
import java.util.*
fun test(){}
class Stu{}
```

上面代码中 test()的全名是 com.test.main.test()，类 Stu 的全名是 com.test.main.Stu。

（3）默认导入

在 Kotlin 文件中默认导入以下包：

```
kotlin.*
kotlin.annotation.*
kotlin.collections.*
kotlin.comparisons.*
kotlin.io.*
kotlin.ranges.*
kotlin.sequences.*
kotlin.text.*
```

（4）函数定义

① 函数定义使用关键字 fun，函数参数格式为“参数:类型”。返回值类型的定义是在函数头后面加“: 返回值类型”。

函数定义的基本格式如下：

```
fun 函数名称(变量名称:变量类型,…):返回值类型 //函数头部定义
{
    函数体 //函数体
}
```

例如：

```
fun sum(a:Int, b:Int):Int {   // Int 参数，返回值类型为 Int
    return a + b
}
```

② 表达式可以作为函数体，这时函数返回值类型会自动推断，例如：

```
fun sum(x:Int, y:Int) = x + y
public fun sum(x:Int, y:Int):Int = x + y
```

③ 无返回值的函数（类似 Java 中的 void）有两种形式，一种是用 Unit 类型修饰，另一种是直接省略不写，例如：

```
fun doSomething():Unit {}
fun doSomething() {}
```

（5）可变长参数函数

函数的可变长参数可以用 vararg 关键字进行标识，例如：

```
fun vars(vararg v:String){
        for(str in v){
          print(str+" ")
        }
      }
// 测试
fun main(args: Array<String>) {
      vars("aaa","bbb","ccc")
}
```

程序运行后输出：

```
aaa bbb ccc
```

（6）lambda（匿名函数）

lambda 就是将一小段代码封装成匿名函数，以参数值的方式传递到函数中，供函数使用，例如：

```
fun main(args:Array<String>) {
      val min:(Int,Int) -> Int = { x,y ->
            //只能返回 Int 类型，最后一个表达式的返回值类型必须为 Int
            //if 表达式返回值类型为 Int
            if (x < y){
                  x
            }else{
                  y
            }
      }
      print(min(1,2))
}
```

上面的代码在 main()方法中定义了一个求最小值的匿名函数 min()。

程序运行后输出：

```
1
```

（7）变量与常量定义

在 Kotlin 中，变量与常量在定义的时候可以不用赋初始值，但是在使用前一定要初始化。

在 Kotlin 中，变量的定义使用关键字 var，格式如下：

```
var <标识符>:<类型> = <初始化值>
```

例如：

```
var a:Int =12
```

在 Kotlin 中，常量的定义使用关键字 val，格式如下：

```
val <标识符>:<类型> = <初始化值>
```

例如：

```
val a:Int =12
```

Kotlin 的编译器支持自动类型判断，即声明时可以不指定类型，由编译器判断。例如：

```
var a=12
```

（8）区间表达式

区间表达式由具有操作符形式“..”的 rangeTo 函数辅以 in 和!in 形成。区间是为任何可比较类型定义的。使用区间的示例如下：

```
for (i in 1..4) print(i) // 输出“1234”
for (i in 4..1) print(i) // 什么都不输出
if (i in 1..10) { // 等同于 1 <= i && i <= 10
        println(i)
}
// 使用 step 指定步长
for (i in 1..4 step 2) print(i) // 输出“13”
for (i in 4 downTo 1 step 2) print(i) // 输出“42”
// 使用 until 函数排除结束元素
for (i in 1 until 10) {   // i in [1, 10) 排除了 10
        println(i)
}
```

2. Kotlin 基本数据类型

（1）基本数值类型

Kotlin 的基本数值类型包括 Double、Float、Long、Int、Short、Byte 等，见表 1-1。不同于 Java 的是，字符不属于数值类型，而是一个独立的数据类型。

表 1-1　基本数值类型　　单位：位

数值类型	长度
Double	64
Float	32
Long	64
Int	32
Short	16
Byte	8

（2）字符类型

字符类型用 Char 描述，Kotlin 中的字符不能直接和数字操作，必须用英文单引号'引起来，例如普通字符'0'和'a'，代码如下：

```
var ch:Char = '1'
var a:Int = ch//错误
```

如果想要获取字符的编码，可以使用.toInt()，代码如下：

```
var a:Int = ch. toInt()
```

（3）布尔类型

布尔类型用 Boolean 表示，它有两个值：true 和 false。

（4）字符串类型

字符串类型用 String 描述，可以通过[]获取某个字符，例如：

```
var a:String ="123"
print(a[0])
```

也可以通过 for_in 语句遍历字符，例如：

```
fun main(args: Array<String>) {
    var a:String ="123"
    for(ch in a){
        print(ch+" ")
    }
}
```

程序运行后输出：

```
1 2 3
```

Kotlin 支持用 3 个英文双引号"""引起来的字符串，即支持多行字符串，例如：

```
fun main(args:Array<String>) {
    val str= """123
    456
"""
println(str)
}
```

程序运行后输出：

```
123
456
```

（5）字符串模板

字符串可以包含模板表达式，即可求值的代码片段，并将其结果连接到字符串中。一个模板表达式由一个$和简单名称组成，例如：

```
fun main(args:Array<String>) {
    val i = 10
    val s = "i = $i"
    print(s)
}
```

程序运行后输出：

```
i = 10
```

也可以用花括号括起来描述任意表达式，例如：

```
fun main(args:Array<String>) {
    val s = "abc"
    val str = "$s.length is ${s.length}"
    println(str)
}
```

程序运行后输出：

```
abc.length is 3
```

Kotlin 基础-2 泛型

3. Kotlin 泛型和注解

泛型，即“参数化类型”，将类型参数化，可用在类、接口、方法上。

（1）泛型类的基本使用

泛型类指的是在类定义的时候并不会设置类中的属性或方法中的参数的具体类型，而是在类使用时进行属性类型的定义。定义泛型类，就是在类名之后、主构造方法之前用尖括号括起来的大写字母代表某种数据类型。在定义泛型类的变量时，可以完整地写明类型参数，如果编译器可以自动推定类型参数，那么也可以省略类型参数，例如：

```
class Box<T>(t:T) {
    var value = t
}
fun main(args:Array<String>) {
    val box1:Box<Int> = Box<Int>(1)
    val box2:Box<String> = Box<String>("hello")
    println(box1.value)
    print(box2.value)
}
```

程序运行后输出：

```
1
hello
```

（2）泛型函数的基本使用

在定义泛型函数时，泛型函数的类型参数要放在函数名的前面，例如：

```
fun<E> test(num:E):E {
    return num;
}
fun main(args:Array<String>) {
   print(test<Int>(1))
   print(test<String>("hello"))
}
```

程序运行后输出：

```
1
hello
```

（3）Kotlin 中的注解

① 注解的基础知识。

注解就是向代码中添加元数据，通过在类名前添加 annotation 来声明注解。

Kotlin 中有以下 4 种元注解（用来定义注解的注解）。

@Target：限定注解标记的目标（属性、方法、类、扩展等）。

@Retention：限定注解是否存储到字节码文件中，在运行时是否可以通过反射技术使该注解可见（默认情况下以上两个条件均为真）。

@Repeatable：允许在同一个元素上重复使用同一个注解。

@MustBeDocumented：指定该注解是公有 API 的一部分，并且应该包含在生成的 API 文档中显示的类或方法的签名中。

在 Kotlin 中定义一个注解类，需要使用 annotation 关键字，例如：

```
@Target(AnnotationTarget.CLASS,AnnotationTarget.PROPERTY)
@Retention(AnnotationRetention.RUNTIME)
annotation class Value
```

通过定义，@Value 注解可以用来修饰类和属性，并且这个注解在运行时可见，可以通过反射技术获取@Value 注解的相关信息，例如：

```
@Target(AnnotationTarget.CLASS,AnnotationTarget.PROPERTY)
@Retention(AnnotationRetention.RUNTIME)
annotation class Value
@Value
class Stu{
    @Value
     var  name:String = "小明"
    @Value
     var age:Int =12
}
fun main(args:Array<String>) {
   var stu = Stu();
}
```

上面的程序中，@Value 注解可以位于类 Stu 和属性 name、age 上面。

② 带属性的注解。

在 Kotlin 中，可以为注解添加属性，例如：

```
@Target(AnnotationTarget.CLASS,AnnotationTarget.PROPERTY)
@Retention(AnnotationRetention.RUNTIME)
annotation class Value(val value:String)
@Value("student")
class Stu{
     @Value("stuName")
     var  name:String = "小明"
     @Value("stuAge")
     var age:Int =12
}
fun main(args:Array<String>) {
    var stu = Stu();
}
```

上面的程序中，@Value 具有属性 value，在给类进行注解时，需要将参数传递给属性，这些属性值只有在程序运算时通过反射技术获得才有意义。

4. Kotlin 的反射

反射是指计算机程序在运行时（runtime）可以访问、检测和修改本身状态或行为的一种能力。下面对 Kotlin 中的反射技术进行简要介绍。

（1）获取 KClass

在 Kotlin 中，可以将 KClass 类型理解为 Java 中的 Class 类型。可以通过以下两种方法获取类的 KClass。

① 类名().javaClass.kotlin。

② 类名::class。

例如：

```
class  Person  {
     val name:String="12"
      fun hello() {
           println("hello$name")
      }
}
fun main(){
     //获取 KClass
     val  class1 = Person().javaClass.kotlin
     val  class2 = Person::class
     println(class1==class2)
}
```

上面的程序通过两种方法获取 Person 的 KClass。

程序运行后输出：

```
true
```

（2）通过反射创建对象

在 Kotlin 中可以通过两种方法创建对象，这两种方法都需要对应的类提供无参构造方法。以上面的程序为例，创建 Person 对象，代码如下：

```
fun main(){
     //获取 KClass
     val  class1 = Person().javaClass.kotlin
     //方法 1 创建对象
     var obj = class1.createInstance()
     //方法 2 创建对象
     var obj1 =Class.forName("Person").kotlin.createInstance()
     println(obj.name);
     println(obj1);
}
```

（3）通过反射获取对象的成员变量、方法等

通过反射技术获取对象的成员变量可以使用 KClass.declaredMemberProperties，获取成员方法可以使用 KClass.declaredFunctions。

对这两种操作进行演示示例如下：

```
package reflect
import kotlin.reflect.full.createInstance
import kotlin.reflect.full.declaredFunctions
import kotlin.reflect.full.declaredMemberProperties
class  Person  {
    var name:String="12"
    var age:Int=2
     fun hello(){
         println("hello$name")
     }
    fun test(  value:String){
         println("test $value")
    }
}

fun main()
{
    //获取对应的 KClass
    var class1 = Class.forName("Person").kotlin
    //创建 Person 对象
    var obj1 =class1.createInstance()
    //获取 Person 类的字段集合
    var propertys = class1.declaredMemberProperties
    //得到第一个字段，调用 get 方法获取值
    var value = propertys.first().getter.call(obj1)
    println("name=$value")
    //输出 obj1 对象中属性名称为 name 的字段的值
    propertys.forEach {
        when(it.name)
        {
           "name"->
           {
               println("name="+  it.getter.call(obj1))
           }
        }
    }
     //获取 Person 类的方法集合
    var methods = class1.declaredFunctions
    //得到类的第一种方法，并通过 obj1 对象调用该方法
    methods.first().call(obj1)
```

```
        //迭代遍历每种方法，并通过对象 obj1 调用
        methods.forEach {
            when(it.name)
            {
                "hello"->
                {
                    it.call(obj1)
                }
                "test"->
                {
                    it.call(obj1,"hello")
                }
            }
        }
}
```

5. Kotlin 中的协程

Kotlin 基础-4
协程

协程（coroutine）也叫微线程，又称轻量级 Thread，是一种新的多任务并发的操作手段。它是运行在单线程中的并发程序，省去了传统 Thread 多线程并发机制中切换线程时带来的线程上下文切换、线程状态切换、Thread 初始化上的性能损耗，能大幅提高并发性能。协程开发包在 kotlinx.coroutines 中，这个包可以在 build.gradle 中通过 dependencies 引入，例如：

```
dependencies {
implementation("org.jetbrains.kotlinx:kotlinx-coroutines-core:1.4.2")
}
```

协程的启动方式有多种，下面将对 GlobalScope.launch 和 runBlocking 这两种方式进行介绍。

（1）方式一：GlobalScope.launch

GlobalScope.launch 创建的协程的生命周期受主应用程序生命周期的限制，如果主应用程序执行结束，由 GlobalScope.launch 创建的协程即使没执行完毕，也会直接退出。先看下面的例子：

```
import kotlinx.coroutines.*
import kotlinx.coroutines.delay
fun main(args: Array<String>) {
    // 开启协程
    GlobalScope.launch {
        delay(1000L)
        println("World!--->" + Thread.currentThread().name)
    }
    println("Hello, --->" + Thread.currentThread().name)
```

```
    Thread.sleep(2000)// 阻塞主线程 2s，等待协程完成任务
}
```

程序运行后输出：

```
Hello, --->main
World!--->DefaultDispatcher-worker-1
```

在上面的程序中首先通过 GlobalScope.launch 创建一个协程，然后协程通过 delay(1000L) 非阻塞等待 1s，再输出“World!”信息。在协程非阻塞等待的时候，主线程不受影响，运行 println("Hello, --->" + Thread.currentThread().name)输出“Hello,”信息，然后通过 Thread.sleep (2000)阻塞主线程 2s，等待协程完成任务。如果把 Thread.sleep(2000)这行代码去掉，则程序执行结果为：

```
Hello, --->main
```

因为主线程输出“Hello”信息以后就直接结束，而通过 GlobalScope.launch 创建的协程的生命周期和主线程一样，所以也跟着主线程结束。GlobalScope.launch 是创建协程最常用的方式。

（2）方式二：runBlocking

创建协程的另一种方式是通过 runBlocking 函数，该函数和 launch 函数的不同点是会阻塞调用者线程直到协程完成。先看下面的例子：

```
import kotlinx.coroutines.*
import kotlinx.coroutines.delay
fun main() {
    GlobalScope.launch { // 在后台启动一个新的协程并继续
        delay(1000L)
        println("World!")
    }
    println("Hello,") // 主线程中的代码会立即执行
    runBlocking {     // 但是这个表达式阻塞了主线程
        delay(5000L)
    }
    println("主线程运行结束")
}
```

程序运行后输出：

```
Hello,
World!
主线程运行结束
```

在上面的程序中，首先通过 GlobalScope.launch 创建一个协程 A，A 协程将在输出“Hello,”1s 后输出“World!”信息，主线程不受 A 协程的影响，继续往下执行，输出“Hello,”信息。接着通过 runBlocking 创建了协程 B，B 协程中的代码 delay(5000L)会阻塞主线程 5s，在此期间 A 协程休息 1s 后输出“World!”信息，B 协程在休息 5s 后继续运行，主线程也解除阻塞输出，主线程运行结束。

runBlocking 通常只用于启动最外层的协程，从而保证其他的协程顺利执行完任务。

前面介绍过，如果主线程已经执行完毕，协程还在运行，则协程会直接结束运行，因为协程的生命周期和主线程一样。如果要避免出现这种情况，可以在主线程的后面通过 sleep 函数阻塞主线程，等待协程结束。这并不是一种很好的方法，因为协程需要执行多少时间才结束，主线程并不知道，只能预估一个大于协程执行的时间用于阻塞。更好的方法是通过 join()函数实现。GlobalScope.launch 函数的返回值是 Job 类型，Job 的 join()函数可以在主线程和协程之间实现同步。先看下面的例子：

```
import kotlinx.coroutines.*
import kotlinx.coroutines.delay
import kotlinx.coroutines.runBlocking
suspend fun main(args: Array<String>) {
    val job = GlobalScope.launch {  //Job 对象
         // 开启协程
         delay(1000L)
         println("World!--->" + Thread.currentThread().name) // 在延迟后输出
     }
     println("hello")
     job.join()       //等待直到子协程执行结束，类似于 Thread.join
     println("end")
}
```

程序运行后输出：

```
hello
World!--->DefaultDispatcher-worker-1
end
```

如果要取消协程的执行可以调用 job.cancel()。

（四）任务实施

下面介绍图 1-9 所示的倒计时的实现流程，具体步骤如下。

1. 添加依赖

在 build.gradle 的 dependencies 中添加下面两行程序：

```
dependencies {
        …
        classpath "org.jetbrains.kotlin:kotlin-gradle-plugin:$kotlin_version"
        classpath "org.jetbrains.kotlin:kotlin-android-extensions:$kotlin_version"
    }
```

2. 设置布局

采用约束布局，放置两个按钮，分别用于控制倒计时的开始和暂停，放置一个 TextView 用于显示秒数。

【activity_main.xml 文件】

```
<androidx.constraintlayout.widget.ConstraintLayout    xmlns:android="http://schemas.
andr*.com/apk/res/android"
    xmlns:app="http://schemas.andr*.com/apk/res-auto"
    xmlns:tools="http://schemas.andr*.com/tools"
    android:layout_width="match_parent"
    android:layout_height="match_parent"
    tools:context=".MainActivity">
    <TextView
        android:id="@+id/tvNumber"
        android:layout_width="wrap_content"
        android:layout_height="wrap_content"
        android:inputType="number"
        android:text="30"
        android:textSize="24sp"
        app:layout_constraintBottom_toBottomOf="parent"
        app:layout_constraintLeft_toLeftOf="parent"
        app:layout_constraintRight_toRightOf="parent"
        app:layout_constraintTop_toTopOf="parent" />

    <Button
        android:id="@+id/button"
        android:layout_width="wrap_content"
        android:layout_height="wrap_content"
        android:layout_marginTop="16dp"
        android:onClick="countDown"
        android:text="开始倒计时"
        app:layout_constraintEnd_toEndOf="parent"
        app:layout_constraintStart_toStartOf="parent"
        app:layout_constraintTop_toTopOf="parent" />
    <Button
        android:id="@+id/button2"
        android:layout_width="wrap_content"
        android:layout_height="wrap_content"
        android:layout_marginTop="16dp"
        android:onClick="pauseCountDown"
        android:text="暂停倒计时"
        app:layout_constraintEnd_toEndOf="parent"
        app:layout_constraintStart_toStartOf="parent"
        app:layout_constraintTop_toBottomOf="@+id/button" />
</androidx.constraintlayout.widget.ConstraintLayout>
```

3. 编写 Java 代码

countDown()函数用来实现倒计时。使用 GlobalScope.launch 创建一个协程，协程通过循环实现秒数的显示，通过 delay(1000L)非阻塞等待 1s。

pauseCountDown()函数用来实现暂停。在该函数中调用 job?.cancel()取消协程的执行。这里的?.用来避免产生空指针异常：

```
import androidx.appcompat.app.AppCompatActivity
import android.os.Bundle
import android.view.View
import android.widget.TextView
import kotlinx.coroutines.*
class MainActivity:AppCompatActivity() {
    var count = 0
    var job: Job ?= null
    override fun onCreate(savedInstanceState: Bundle?) {
        super.onCreate(savedInstanceState)
        setContentView(R.layout.activity_main)
    }

    //开始倒计时
    fun countDown(view:View) {
        var tvNumber = findViewById<TextView>(R.id.tvNumber)
        if(tvNumber.text.toString() == "0")  //如果倒计时结束后重新点击按钮
            tvNumber.text = "30"  //则从 30s 开始倒计时
        count = tvNumber.text.toString().toInt()
        job = GlobalScope.launch(Dispatchers.Main) {
            for (i in count downTo 0){
                tvNumber.text = "$i"
                delay(1000L)
            }
        }
    }

    //暂停倒计时
    fun pauseCountDown(view:View) {
        job?.cancel()
    }
}
```

（五）知识拓展

Android 项目用 Kotlin 插件后，Build 的时候可能出现以下问题：

```
Could not initialize class org.jetbrains.kotlin.gradle.internal.KotlinSourceSet
ProviderImplKt
```

引发这个问题的原因是Kotlin插件中Kotlin的版本号与项目中的Kotlin版本号不一致。

解决办法是同步Kotlin版本号，步骤如下。

① 打开Settings窗口，查看Kotlin版本号，如图1-10所示，版本号为1.4.32。

② 修改build.gradle文件中的Kotlin版本号，使其与插件的一致，如图1-11所示。

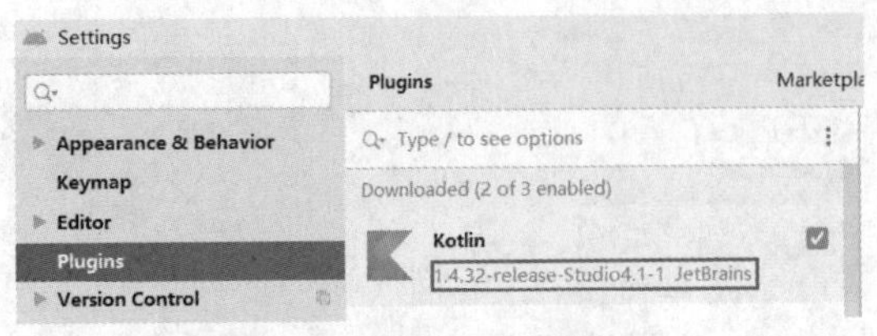

图1-10　查看Kotlin版本号

```
buildscript {
    ext.kotlin_version = "1.4.32"
    repositories {
        google()
        jcenter()
    }
```

图1-11　修改build.gradle文件中的Kotlin版本号

③ 单击Sync Now按钮同步项目，如图1-12所示。

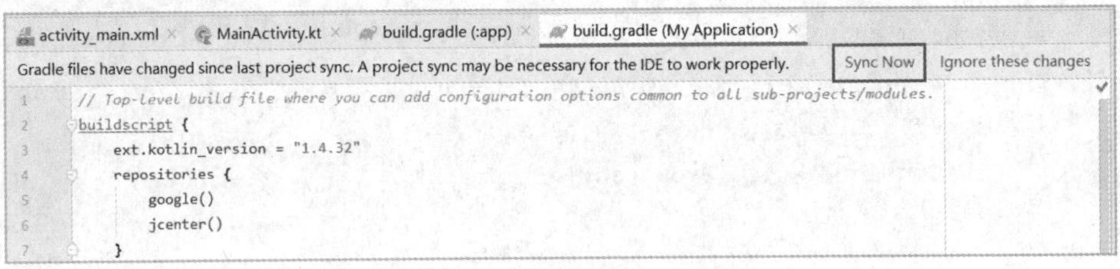

```
activity_main.xml  MainActivity.kt  build.gradle (:app)  build.gradle (My Application)
Gradle files have changed since last project sync. A project sync may be necessary for the IDE to work properly.   Sync Now   Ignore these changes
1  // Top-level build file where you can add configuration options common to all sub-projects/modules.
2  buildscript {
3      ext.kotlin_version = "1.4.32"
4      repositories {
5          google()
6          jcenter()
7      }
```

图1-12　同步Kotlin版本号

四、项目实训

（一）实训目的

将所学理论知识与实践相结合，通过实训项目将面向对象、集合等知识融合在一起，实现一个基于控制台操作的学生信息管理程序。

（二）实训内容

提供界面交互操作，程序运行后显示菜单项，菜单项如图1-13所示。

```
***欢迎进入学生管理系统***
******************
1.显示所有学生信息
2.选择添加学生信息
3.学号查找学生信息
4.选择删除学生信息
5.选择修改学生信息
6.退出系统
******************
```

图1-13　菜单项

选择不同的菜单项，提供不同的操作。

- 输入1，显示集合类中所有学生的信息记录。
- 输入2，从控制台输入学生信息保存到集合类中。
- 输入3，等待用户输入学号后显示该学生的信息。
- 输入4，等待用户输入学号后从集合类中删除该学生的信息。
- 输入5，等待用户输入学号，然后根据学号去集合类中查找该学生的信息，若能找到则修改该学生的信息。
- 输入6，退出系统。

（三）问题引导

完成本实训任务需要解决的主要问题有：如何创建类，如何定义函数，如何向集合中添加元素和删除集合里的元素。

（四）实训步骤

① 创建学生类，类的成员变量有 id、姓名、性别、年龄。

② 创建班级类，能对学生进行增、删、改、查、排序等操作。

③ 创建视图类，能展示欢迎界面、退出界面、菜单界面，能调用班级类的相应方法，并实现显示所有学生的信息、添加学生的信息、修改学生的信息、查找某位学生的信息、删除某位学生的信息等功能。

④ 创建控制类，能调用视图类的相应方法，并实现响应菜单项的功能。

⑤ 创建 Main 启动类，实例化控制类，调用其方法显示菜单，并响应菜单功能。

（五）实训报告要求

按照以下格式完成实训报告。

<table>
<tr><th colspan="4">Android 项目实训报告</th></tr>
<tr><td>学号</td><td></td><td>姓名</td><td></td></tr>
<tr><td>项目名称</td><td colspan="3"></td></tr>
<tr><td>实训过程</td><td colspan="3">要求写出实训步骤，并贴出步骤中的关键代码截图
如填写不下，可加附页</td></tr>
<tr><td>遇到的问题及解决的办法</td><td colspan="3">问题 1：
描述遇到的问题
解决办法：
描述解决的办法
问题 2：
描述遇到的问题
解决办法：
描述解决的办法
……
如填写不下，可加附页</td></tr>
</table>

五、项目总结

本项目主要介绍了 Kotlin 开发环境的搭建和 Kotlin 编程基础，要求读者掌握以下两个方面的知识和技能。

- 掌握 Kotlin 开发环境的搭建。
- 掌握 Kotlin 编程基础。

六、课后练习

（一）填空题

1. 在 Kotlin 中，对于以下表达式，当 a=2 时，s 的值是____________。

```
val s = if (a > 2) "a>2" else "a<=2"
```

2. 在 Kotlin 中，表达式 6/5 的值是________，6%5 的值是________，6.0/5 的值是________。

3. 在 Kotlin 中，执行 val x:Int = 15;val y:Int = 6;val c= (x/y) ; 后，c 的值是__________。

4. 在 Kotlin 中，x 能同时被 m 和 n 整除的表达式为__________________。

5. 在 Kotlin 中，x 能被 m 或 n 整除的表达式为____________________。

6. 在 Kotlin 中，执行 val i = 10;val s = "i = $i";后，s 的值为____________________。

7. 在 Kotlin 中，函数的可变长参数可以用________关键字进行标识。

8. 在 Kotlin 中，表达式 for (i in 1..4 step 2) print(i)输出的结果是________。

9. 在 Kotlin 中，通过在类名前添加______________来声明注解。

10. Kotlin 中的 4 种元注解分别是：_________、_________、_________、_________。

（二）判断题

1. Kotlin 中有八大基本数据类型。(　　)

2. Java 代码和 Kotlin 代码可以互相转换。(　　)

3. 在 Kotlin 中定义常量用 var 关键字。(　　)

4. 在 Kotlin 中，没有 switch 关键字。(　　)

5. Kotlin 类可以包含构造方法和初始化代码块、函数、属性、内部类、对象声明。(　　)

6. Kotlin 的编译器支持自动类型判断，即声明时可以不指定类型，由编译器判断。(　　)

7. 在 Kotlin 中，变量与常量在定义的时候可以不用赋初始值，但是在使用前一定要初始化。(　　)

8. Kotlin 中的协程是运行在单线程中的并发程序。(　　)

（三）简答题

1. 请写出 Kotlin 中 if、if…else、when 这 3 种分支结构的语法格式。

2. 请写出 Kotlin 中 while、do…while、for 这 3 种循环结构的语法格式。

3. 协程与传统线程相比，有什么优点？

（四）编程题

1. 用 Kotlin 编程输出下列数据序列的最大值及其下标：38，−9，12，29，−8，15，76，3。

2. 用 Kotlin 定义一个矩形类，提供长、宽属性，提供计算面积和周长的方法。

3. 对于上题中的矩形类，写出通过反射技术获取其对象的成员变量和成员方法的代码。

项目 2 多媒体技术应用

本项目通过绘制二维图形、实现属性动画、实现逐帧动画、播放背景音乐、实现视频播放，以及使用相机和相册实现拍照和选择图像等任务来帮助读者理解 Android 多媒体技术，重点了解：二维图形的绘制、动画的实现、音视频的播放及相机和相册的使用。

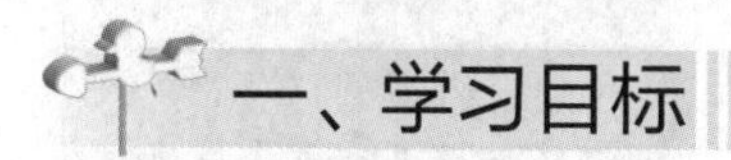

一、学习目标

素养拓展-尊重用户隐私

（一）知识目标

1. 能够掌握二维图形绘制的常用类和方法。
2. 能够理解属性动画和逐帧动画的实现原理。
3. 能够掌握音频播放的常用类和方法。
4. 能够掌握视频播放的常用类和方法。
5. 能够掌握使用系统内置 Activity 实现拍照和相册读取的方法。

（二）技能目标

1. 能够掌握 Android 平台下二维图形的绘制。
2. 能够掌握 Android 平台下的动画实现。
3. 能够控制 Android 平台下的音频播放。
4. 能够控制 Android 平台下的视频播放。
5. 能够控制 Android 系统的相机和相册。

（三）素质目标

培养读者尊重用户隐私的意识。

二、项目描述

目前，智能手机的多媒体应用主要包括动画的实现、音视频的播放、拍照等。为了满足多媒体应用的需求，在本项目中，我们将实现二维图形的绘制和处理、动画的实现、音频和视频的播放，以及对 Android 系统相机的使用等功能。

本项目共由 6 个任务构成，分别是绘制二维图形、实现属性动画、实现逐帧动画、播放背景音乐、实现视频播放，以及使用相机和相册实现拍照和选择图像。

图形的绘制

三、项目实施

任务 1 绘制二维图形

（一）任务描述

利用 Canvas、Paint 和 Color 等类绘制图 2-1 所示的指南针表盘。

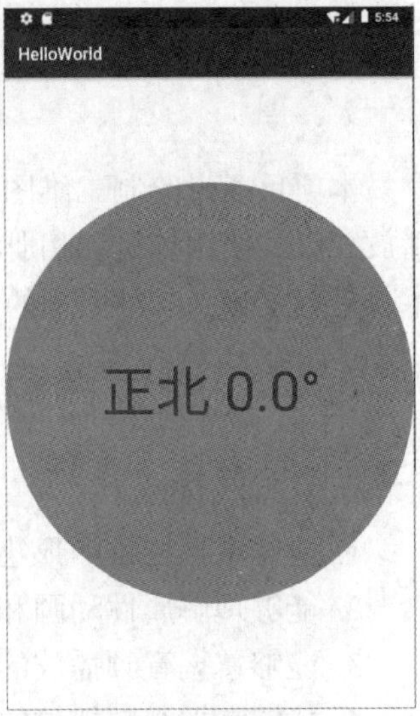

HelloWorld

正北 0.0°

图 2-1 指南针表盘

（二）问题引导

常见的二维图形在 Android 中是如何绘制的呢？Android API 提供一系列进行 2D 绘图的方法，这些方法放置在 android.graphics 包中，graphics 中包括 Canvas、Paint、Color、Bitmap 等类，具有绘制点和线、设置颜色、绘制 2D 几何图形、处理图像等功能。

（三）知识准备

在 Android 界面中可以绘制各种图形，主要涉及 4 个类，分别是 View、Canvas、Paint 和 Color。

1. View 类

在 Android 中绘制图形需要在 Canvas 上进行，而使用 Canvas 需要使用 View.onDraw() 方法完成绘制工作。因此，需要定义一个 android.view 包中的 View 类的子类，然后复写 onDraw()方法，格式如下：

```
class MyView extends View{
      @Override
      protected void onDraw(Canvas canvas) {


  }
  }
```

2. Canvas 类

Canvas 类相当于画布，定义在 android.graphics 包中，它给我们提供了一套画图 API，常用的方法见表 2-1 ~ 表 2-17。

（1）public void drawBitmap (Bitmap bitmap, float left, float top, Paint paint)

表 2-1 drawBitmap()方法参数介绍

参数	作用
bitmap	要绘制的位图，此值不能为 null
left	正在绘制的位图左侧的位置
top	正在绘制的位图顶部的位置
paint	用于绘制位图的画笔，此值可能是 null

（2）public void drawCircle (float cx, float cy, float radius, Paint paint)

表 2-2 drawCircle()方法参数介绍

参数	作用
cx	要绘制的圆的中心的 x 坐标
cy	要绘制的圆的中心的 y 坐标
radius	要绘制的圆的半径
paint	用来画圆的画笔，此值不能是 null

（3）public void drawLine (float startX, float startY, float stopX, float stopY, Paint paint)

表 2-3 drawLine()方法参数介绍

参数	作用
startX	线条起点的 x 坐标
startY	线条起点的 y 坐标
stopX	线条终点的 x 坐标
stopY	线条终点的 y 坐标
paint	用于绘制线条的画笔，此值不能是 null

（4）public void drawOval (RectF oval, Paint paint)

表 2-4 drawOval()方法参数介绍

参数	作用
oval	要绘制的椭圆形的矩形边界，这个值不能是 null
paint	画笔，此值不能是 null

（5）public void drawPath (Path path, Paint paint)

表 2-5 drawPath()方法参数介绍

参数	作用
path	要绘制的路径，此值不能是 null
paint	用于绘制路径的画笔，此值不能是 null

（6）public void drawPoint (float x, float y, Paint paint)

表 2-6 drawPoint()方法参数介绍

参数	作用
x	要绘制的圆的 x 轴坐标
y	要绘制的圆的 y 轴坐标
paint	画笔，此值不能是 null

（7）public void drawText (String text, float x, float y, Paint paint)

表 2-7　drawText()方法参数介绍

参数	作用
text	拟绘制的文本，此值不能是 null
x	正在绘制的文本的 x 坐标
y	正在绘制的文本的 y 坐标
paint	画笔，此值不能是 null

3. Paint 类

Paint 类相当于画笔，定义在 android.graphics 包中，可以用来设置绘图时的颜色、字体等，常用的方法如下。

（1）public void setARGB (int a, int r, int g, int b)

表 2-8　setARGB()方法参数介绍

参数	作用
a	画笔的透明度，取值范围 0～255
r	画笔的红色成分，取值范围 0～255
g	画笔的绿色成分，取值范围 0～255
b	画笔的蓝色成分，取值范围 0～255

（2）public void setAlpha (int a)

表 2-9　setAlpha()方法参数介绍

参数	作用
a	画笔的透明度，取值范围 0～255

（3）public void setAntiAlias (boolean aa)

表 2-10　setAntiAlias()方法参数介绍

参数	作用
aa	值为 true 时，消除锯齿 值为 false 时，保留锯齿

（4）public void setColor (int color)

表 2-11　setColor()方法参数介绍

参数	作用
color	画笔的颜色，Android 内部定义有 Color 类，包含了一些常见颜色定义

（5）public void setStyle (Paint.Style style)

表 2-12　setStyle()方法参数介绍

参数	作用
style	Paint.Style.FILL：填充内部 Paint.Style.FILL_AND_STROKE：填充内部和描边 Paint.Style.STROKE：仅描边

（6）public void setTextAlign (Paint.Align align)

表 2-13　setTextAlign()方法参数介绍

参数	作用
align	Paint.Align.LEFT：左对齐 Paint.Align.CENTER：居中对齐 Paint.Align.RIGHT：右对齐

（7）public void setTextScaleX (float scaleX)

表 2-14　setTextScaleX()方法参数介绍

参数	作用
scaleX	文本水平方向的绘制比例 默认值为 1.0，值>1.0 将放大，值<1.0 将缩小

（8）public void setTextSize (float textSize)

表 2-15　setTextSize()方法参数介绍

参数	作用
textSize	文本大小，以像素为单位 此值必须>0

（9）public Typeface setTypeface (Typeface typeface)

表 2-16　setTypeface()方法参数介绍

参数	作用
typeface	Typeface.BOLD 为粗体，Typeface.BOLD_ITALIC 为粗斜体 Typeface.ITALIC 为斜体，Typeface.NORMAL 为正常

（10）public void setUnderlineText (boolean underlineText)

表 2-17　setUnderlineText()方法参数介绍

参数	作用
underlineText	值为 true 时，设置下划线 值为 false 时，取消下划线

4. Color 类

Color 类在 android.graphics 包中。它定义了很多常量的颜色值，可以通过 Color.***使用。典型的颜色值如下：

```
public static final int BLACK = -16777216;//黑色
public static final int BLUE = -16776961;//蓝色
public static final int CYAN = -16711681;//青色
public static final int GRAY = -7829368;//灰色
public static final int GREEN = -16711936;//绿色
public static final int RED = -65536;//红色
public static final int TRANSPARENT = 0;//透明
public static final int WHITE = -1;//白色
public static final int YELLOW = -256;//黄色
```

Color 类还定义了一些静态方法，例如：

```
public static int alpha(int color)) //透明度分量
public static int red(int color) ) //红色分量
public static int green(int color)) //绿色分量
public static int blue(int color) //蓝色分量
public static int rgb(int red, int green, int blue)//由红、绿、蓝三原色组成的颜色值
public static int argb(int alpha, int red, int green, int blue)//由透明度和红、绿、蓝三原
色组成的颜色值
```

（四）任务实施

下面以图 2-1 所示的指南针表盘为例介绍图形的绘制，具体步骤如下。

① 创建 View 类的子类 CompassView。

② 创建 CompassView 类的构造方法。

③ 使用 init()方法做初始化设置，准备好画笔。

④ 复写 onDraw()方法画圆形和文字。

⑤ 创建 AppCompatActivity 类的子类 CompassActivity，将自定义的 view 显示出来。

【CompassView.java 文件】

```
...//省略导入包
public class CompassView extends View {
    private Paint mTextPaint;//画文字的画笔
    private Paint mBgPaint;//画背景（圆形）的画笔
    private int mBgColor = Color.GRAY;//灰色

    private float degree = 0.0f;//角度
    private String direction = "正北";//方位

    public CompassView(Context context) {
        this(context,null);
```

```
    }

    public CompassView(Context context, @Nullable AttributeSet attrs) {
        this(context, attrs,0);
    }

    public CompassView(Context context, @Nullable AttributeSet attrs, int defStyleAttr) {
        this(context, attrs, defStyleAttr,0);
    }

    public CompassView(Context context, @Nullable AttributeSet attrs, int defStyleAttr,
int defStyleRes) {
        super(context, attrs, defStyleAttr, defStyleRes);
        init();
    }

    private void init() {
        //初始化画文字的画笔
        mTextPaint = new Paint();
        mTextPaint.setColor(Color.RED);
        mTextPaint.setTextSize(64);
        mTextPaint.setStyle(Paint.Style.FILL);

        //初始化画背景的画笔
        mBgPaint = new Paint(Paint.ANTI_ALIAS_FLAG);//抗锯齿
        mBgPaint.setColor(mBgColor);
        mBgPaint.setStyle(Paint.Style.FILL);

        FrameLayout.LayoutParams params = new FrameLayout.LayoutParams(
        FrameLayout.LayoutParams.WRAP_CONTENT,
                FrameLayout.LayoutParams.WRAP_CONTENT);
        params.gravity = Gravity.END | Gravity.TOP;
        setLayoutParams(params);
    }

    @Override
    protected void onDraw(Canvas canvas) {
        super.onDraw(canvas);
        Paint.FontMetrics fontMetrics = mTextPaint.getFontMetrics();
        float mtextH = fontMetrics.descent - fontMetrics.ascent;//文本高度
        String degreeStr = String.valueOf(degree);
```

```
        String msg = direction + " " + degreeStr + "° ";
        Log.d("sensor",msg);
        float strWidth = mTextPaint.measureText(msg);//文本宽度
        canvas.drawCircle(getMeasuredWidth() / 2f,
                getMeasuredHeight() / 2f, getMeasuredWidth() / 2, mBgPaint);//画圆形
        canvas.drawText(msg, getMeasuredWidth() / 2f - strWidth/2f, getMeasuredHeight()
                / 2f + (mtextH / 2f - fontMetrics.descent), mTextPaint);//画文字
    }
}
```

【CompassActivity.java 文件】

```
…//省略导入包
public class CompassActivity extends AppCompatActivity {

    private CompassView cView;

    @Override
    protected void onCreate(Bundle savedInstanceState) {
        super.onCreate(savedInstanceState);
        cView = new CompassView(CompassActivity.this);//创建自定义的 CompassView 对象
        setContentView(cView);//将 CompassView 设置到界面上
    }
}
```

（五）知识拓展

1. 利用 Canvas 绘制图形

利用 Canvas 类提供的不同方法可以绘制出不同的图形，例如：

```
@Override
protected void onDraw(Canvas canvas) {//重写父类的绘图方法
    super.onDraw(canvas);
    Paint paint = new Paint();//创建画笔
    paint.setColor(Color.red);//设置画笔的颜色
    canvas.drawLine(10,10,200,200,paint);//画一条线
    canvas.drawRect(50,50,300,200,paint);//画矩形
    canvas.drawBitmap(BitmapFactory.
decodeResource(getResources(),R.drawable.pic),
200,200,paint)//画图片
}
```

2. 利用 BitmapFactory、Bitmap 和 Matrix 对图形图像进行处理

（1）BitmapFactory

BitmapFactory 是一个工具类，能从不同的数据源（如文件、数据流和字节数组）来解析、创建 Bitmap 对象，常用方法见表 2-18。

表 2-18 BitmapFactory 的常用方法

方法	描述
decodeFile(String pathName)	从指定文件中解析、创建 Bitmap 对象
decodeStream(InputStream is)	从指定输入流中解析、创建 Bitmap 对象
decodeResource(Resource res, int id)	根据给定的资源 ID，从指定资源中解析、创建 Bitmap 对象

（2）Bitmap

Bitmap 是 Android 系统中重要的图像处理类，常用方法见表 2-19。

表 2-19 Bitmap 的常用方法

方法	描述
createBitmap(int width,int height,Config config)	创建位图 width：要创建的图片的宽度 height：要创建的图片的高度 config：要创建的图片的配置信息
createBitmap(int colors[],int offset,int stride, int width, int height, Config config)	使用颜色数组创建一个指定宽高的位图，颜色数组的个数为宽×高
createBitmap(Bitmap src)	使用源位图创建一个新的 Bitmap
createBitmap(Bitmap src, int x, int y, int width, int height)	从源位图的指定坐标开始"挖取"指定宽高的一块图像来创建新的 Bitmap 对象
createBitmap(Bitmap src, int x, int y, int width, int height, Matrix m, boolean filter)	从源位图的指定坐标开始"挖取"指定宽高的一块图像来创建新的 Bitmap 对象，并按照 Matrix 规则进行变换

（3）Matrix

使用 Matrix 类提供的方法，可以给图片添加特别的效果，如旋转、缩放、倾斜等。Matrix 的常用方法如表 2-20 所示。

表 2-20 Matrix 的常用方法

方法	描述
setTranslate(float dx, float dy)	控制 Matrix 进行位移
setSkew(float kx, float ky)	控制 Matrix 进行倾斜，kx、ky 为 *x*、*y* 方向上的倾斜比例
setSkew(float kx, float ky, float px, float py)	控制 Matrix 以 px、py 为轴心进行倾斜，kx、ky 为 *x*、*y* 方向上的倾斜比例
setRotate(float degrees)	控制 Matrix 进行 degrees 角度的旋转，轴心为（0,0）
setRotate(float degrees, float px, float py)	控制 Matrix 进行 degrees 角度的旋转，轴心为(px,py)
setScale(float sx, float sy)	控制 Matrix 进行缩放，sx、sy 为 *x*、*y* 方向上的缩放比例
setScale(float sx, float sy, float px, float py)	控制 Matrix 以(px,py)为轴心进行缩放，sx、sy 为 *x*、*y* 方向上的缩放比例

以下代码实现了旋转效果：

```
//创建一个与原图相同大小的 Bitmap
Bitmap afterBitmap = Bitmap.createBitmap(baseBitmap.getWidth(),
        baseBitmap.getHeight(), baseBitmap.getConfig());
Canvas canvas = new Canvas(afterBitmap);
Matrix matrix = new Matrix();
//依据原图的中心位置旋转，旋转度数由 degrees 指定
matrix.setRotate(degrees, baseBitmap.getWidth() / 2, baseBitmap.getHeight() / 2);
canvas.drawBitmap(baseBitmap, matrix, paint);
//把旋转后的 afterBitmap 显示在 ImageView 中
imageView.setImageBitmap(afterBitmap);
```

任务 2 实现属性动画

（一）任务描述

点击不同的按钮能实现 4 种不同的属性动画效果：透明度动画、旋转动画、缩放动画和平移动画，如图 2-2 所示。

图 2-2 属性动画效果图

属性动画的实现

（二）问题引导

属性动画是如何实现动画效果的呢？属性动画是通过对目标对象进行赋值并修改其属性来实现的。例如，修改目标对象的 Alpha 属性值，可以实现透明度的变化；修改目标对

象的 BackgroundColor 属性值，可以实现背景色的变化。

（三）知识准备

ValueAnimator 是整个属性动画机制中最核心的一个类，负责计算初始值和结束值之间的动画过渡，我们只需将初始值和结束值提供给 ValueAnimator，并告诉它动画运行的时长，ValueAnimator 就会帮我们完成从初始值过渡到结束值的效果。此外，ValueAnimator 还负责管理动画的播放次数、播放模式，以及对动画设置监听器等。例如，通过下面的代码可以实现将一个值从 0 平滑过渡到 1，重复播放 3 次，每次播放时长是 300ms：

```
ValueAnimator anim = ValueAnimator.ofFloat(0f, 1f);
anim.setDuration(300);//播放时长
anim.setRepeatCount(3);//播放次数
anim.setRepeatMode(ValueAnimator.REVERSE);//播放模式：反向播放
anim.start();//开始播放
```

ObjectAnimator 是 ValueAnimator 的一个子类，也是我们最常接触到的类。ValueAnimator 只是对值进行了一个平滑的过渡，而 ObjectAnimator 则可以直接对任意对象的任意属性进行动画操作。调用 ofFloat()方法可以创建一个 ObjectAnimator 的实例，该方法的第一个参数用来指定动画作用的目标对象，第二个参数用来指定需要变化的是属性，第三个参数是长度可变的 float 类型的数据，用来指定动画变化过程中属性的值。

```
public static ObjectAnimator ofFloat(Object target, String propertyName, float… values)
```

下面分别对透明度、旋转、缩放、平移这 4 种属性动画进行讲解。

1. 透明度动画

透明度动画主要通过指定目标对象的透明度在动画过程中的值，以及动画持续的时间来实现。透明度动画 ofFloat()方法的参数见表 2-21，代码如下：

```
ObjectAnimator alpha = ObjectAnimator.ofFloat(imageView," alpha ",0f,1f);
alpha.setRepeatCount(2);
alpha.setRepeatMode(ObjectAnimator.REVERSE);
alpha.setDuration(1000);
alpha.start();
```

上述代码定义了一个透明度动画，效果是使 ImageView 从完全透明变换到完全不透明，动画时长是 1s，并且该动画可以反向重复两次。

表 2-21 透明度动画 ofFloat()方法的参数

参数	说明
imageView	动画作用在 ImageView 上
alpha	对 ImageView 的 alpha 属性进行动画操作
0f, 1f	alpha 属性的值从 0 变化到 1 0 表示完全透明，1 表示完全不透明 此处也可以根据动画需要设置两个以上的值

setRepeatCount(2)：设置动画重复次数为 2，如果设为-1，则表示重复无限次。

setRepeatMode(ObjectAnimator.REVERSE)：设置动画重复的方式是反向重复，如果设为 ObjectAnimator.RESTART，则表示正向重复。

setDuration(1000)：设置动画播放时长为 1000ms。

start()：开始播放动画。

上述方法 setRepeatCount()、setRepeatMode()、setDuration()、start()在其他属性动画中也可以使用，下面不再单独介绍。

2. 旋转动画

旋转动画主要通过指定目标对象的旋转角度在动画过程中的值，以及动画持续的时间来实现。旋转动画 ofFloat()方法的参数见表 2-22，代码如下：

```
ObjectAnimator rotation = ObjectAnimator.ofFloat(imageView,"rotation",0f,180f,0f);
rotation.setRepeatCount(2);
rotation.setRepeatMode(ObjectAnimator.RESTART);
rotation.setDuration(1000);
imageView.setPivotX(0);//指定旋转中心点的 x 坐标
imageView.setPivotY(0);//指定旋转中心点的 y 坐标
rotation.start();
```

上述代码定义了一个旋转动画，效果是使 ImageView 从 0° 旋转到 180°，再旋转到 0°，动画时长是 1s，并且该动画可以正向重复两次。

表 2-22　旋转动画 ofFloat()方法的参数

参数	说明
imageView	动画作用在 ImageView 上
rotation	对 ImageView 的 rotation 属性进行动画操作
0f, 180f, 0f	rotation 属性的值从 0° 变化到 180° ，再变化到 0° 0、180、90 在这里指的是旋转的角度值 此处值的个数可以根据动画需要自行设置

默认情况下，旋转动画的中心点在目标对象的中心位置，如果想修改中心点，可以通过 imageView.setPivotX()和 imageView.setPivotY()指定旋转中心点的 x 坐标和 y 坐标。上述代码中的 imageView.setPivotX(0)和 imageView.setPivotY(0)，表示将 ImageView 的左上角设置为旋转中心点。

3. 缩放动画

缩放动画主要通过指定目标对象的 scaleX 和 scaleY 两个属性在动画过程中的值，以及动画持续的时长来实现。缩放动画 ofFloat()方法的参数见表 2-23，代码如下：

```
AnimatorSet scale = new AnimatorSet();
ObjectAnimator scaleX = ObjectAnimator.ofFloat(imageView,"scaleX",1f,0.5f,1f);
ObjectAnimator scaleY = ObjectAnimator.ofFloat(imageView,"scaleY",1f,0.5f,1f);
scale.setDuration(1000);
```

```
scale.play(scaleX).with(scaleY);
scale.start();
```

上述代码定义了一个缩放动画，效果是使 ImageView 水平方向和垂直方向上的尺寸先同时缩小为原来的一半，再同时放大到原来的大小，动画时长是 1s。

由于在这里需要对两个属性的值进行操作，所以要用到动画集合类 AnimatorSet 的方法 scale.play(scaleX).with(scaleY)，表示同时执行 scaleX 和 scaleY 动画。如果想先执行 scaleX，再执行 scaleY，则使用 scale.play(scaleY).after(scaleX)。

表 2-23 缩放动画 ofFloat()方法的参数

参数	说明
imageView	动画作用在 ImageView 上
scaleX	对 ImageView 的 scaleX 属性进行动画操作
1f, 0.5f, 1f	scaleX 属性的值从 1 变化到 0.5，再变化到 1 1、0.5、1 在这里指的是目标对象与原来尺寸的比例 此处值的个数可以根据动画需要自行设置

4. 平移动画

平移动画主要通过指定目标对象的 translationX 和 translationY 两个属性在动画过程中的值，以及动画持续的时长来实现。平移动画 ofFloat()方法的参数见表 2-24，代码如下：

```
AnimatorSet translate = new AnimatorSet();
ObjectAnimator translationX =
    ObjectAnimator.ofFloat(imageView,"translationX",0f,100f,0f);
ObjectAnimator translationY =
    ObjectAnimator.ofFloat(imageView,"translationY",0f,100f,0f);
translate.setDuration(1000);
translate.play(translationY).after(translationX);
translate.start();
```

上述代码定义了一个平移动画，效果是使 ImageView 先向右移动 100px，再向左平移回到原来的位置，然后向下移动 100px，最后向上平移回到原来的位置，动画时长是 1s。

由于在这里需要对两个属性的值进行操作，所以也用到了动画集合类 AnimatorSet。

表 2-24 平移动画 ofFloat()方法的参数

参数	说明
imageView	动画作用在 ImageView 上
translationX	对 ImageView 的 translationX 属性进行动画操作
0f, 100f, 0f	translationX 属性的值从 0 变化到 100，再变化到 0 此处值的个数可以根据动画需要自行设置

（四）任务实施

下面以图 2-2 的效果为例，介绍 4 种属性动画的实现过程。

1. 创建程序

创建一个应用程序“多媒体的应用”，指定包名为 com.example.chapter05.demo01。

2. 导入图片

将一张苹果的图片 apple.png 导入 drawable 文件夹中。

3. 设置布局文件

采用约束布局，放置一个 RadioGroup，4 个 RadioButton 和一个 ImageView。

【activity_main.xml 文件】

```
<?xml version="1.0" encoding="utf-8"?>
<androidx.constraintlayout.widget.ConstraintLayout
xmlns:android="http://schemas.andr*.com/apk/res/android"
    xmlns:app="http://schemas.andr*.com/apk/res-auto"
    xmlns:tools="http://schemas.andr*.com/tools"
    android:layout_width="match_parent"
    android:layout_height="match_parent"
    tools:context=".MainActivity">

    <RadioGroup
        android:id="@+id/radioGroup"
        android:layout_width="wrap_content"
        android:layout_height="wrap_content"
        android:orientation="vertical"
        app:layout_constraintEnd_toEndOf="parent"
        app:layout_constraintStart_toStartOf="parent"
        app:layout_constraintTop_toTopOf="parent">

        <RadioButton
            android:id="@+id/btn_alpha"
            android:layout_width="match_parent"
            android:layout_height="wrap_content"
            android:text="透明度动画" />

        <RadioButton
            android:id="@+id/btn_rotation"
            android:layout_width="match_parent"
            android:layout_height="wrap_content"
            android:text="旋转动画" />
```

```
        <RadioButton
            android:id="@+id/btn_scale"
            android:layout_width="match_parent"
            android:layout_height="wrap_content"
            android:text="缩放动画" />

        <RadioButton
            android:id="@+id/btn_translation"
            android:layout_width="match_parent"
            android:layout_height="wrap_content"
            android:text="平移动画" />

    </RadioGroup>

    <ImageView
        android:id="@+id/imageView"
        android:layout_width="wrap_content"
        android:layout_height="wrap_content"
        app:layout_constraintBottom_toBottomOf="parent"
        app:layout_constraintEnd_toEndOf="parent"
        app:layout_constraintStart_toStartOf="parent"
        app:layout_constraintTop_toTopOf="parent"
        app:srcCompat="@drawable/apple" />
</androidx.constraintlayout.widget.ConstraintLayout>
```

4. 编写 Java 代码

由于界面上有 4 个单选按钮，所以使用当前类实现 RadioGroup.OnCheckedChange Listener 接口，并重写 onCheckedChanged()方法。在该方法中，4 个单选按钮通过 ObjectAnimator.ofFloat()方法分别实现透明度、旋转、缩放和平移的动画效果。

【MainActivity.java 文件】

```
import androidx.appcompat.app.AppCompatActivity;
import android.animation.AnimatorSet;
import android.animation.ObjectAnimator;
import android.os.Bundle;
import android.widget.ImageView;
import android.widget.RadioButton;
import android.widget.RadioGroup;

public class MainActivity extends AppCompatActivity implements RadioGroup.OnChecked
ChangeListener {
    private RadioGroup radioGroup;
```

```
    private ImageView imageView;

    @Override
    protected void onCreate(Bundle savedInstanceState) {
        super.onCreate(savedInstanceState);
        setContentView(R.layout.activity_main);

        //找到单选按钮组和 ImageView 控件
        radioGroup = findViewById(R.id.radioGroup);
        imageView =  findViewById(R.id.imageView);

        //为单选按钮组设置选择改变监听器，并使用当前类实现监听接口
        radioGroup.setOnCheckedChangeListener(this);
    }

    //当选择发生改变时，执行的方法
    @Override
    public void onCheckedChanged(RadioGroup group, int checkedId) {
        switch (checkedId){
            //如果“透明度动画”单选按钮被选择
            case R.id.btn_alpha:
                //设置 ImageView 从透明变化到不透明
                ObjectAnimator alpha = ObjectAnimator.ofFloat(imageView,"alpha",0f,
1f);
                alpha.setRepeatCount(2);//设置动画重复次数
                alpha.setRepeatMode(ObjectAnimator.REVERSE);//设置动画重复模式
                alpha.setDuration(1000);//设置动画运行时长
                alpha.start();//开始播放动画
                break;
            //如果“旋转动画”单选按钮被选择
            case R.id.btn_rotation:
                //设置 ImageView 从 0° 旋转到 180° ，再旋转到 0°
                ObjectAnimator rotation = ObjectAnimator.ofFloat(imageView,"rotation",
0f,180f,0f);
                rotation.setRepeatCount(2);//设置动画重复次数
                rotation.setRepeatMode(ObjectAnimator.RESTART);//设置动画重复模式
                rotation.setDuration(1000);//设置动画运行时长
                imageView.setPivotX(0);//指定旋转中心点的 x 坐标
                imageView.setPivotY(0);//指定旋转中心点的 y 坐标
                rotation.start();//开始播放动画
                break;
```

```
            //如果"缩放动画"单选按钮被选择
            case R.id.btn_scale:
                AnimatorSet scale = new AnimatorSet();//得到一个动画集合对象
             //ImageView 水平方向和垂直方向上的尺寸先同时缩小为原来的一半，再同时放大到原来的大小
               ObjectAnimator scaleX = ObjectAnimator.ofFloat(imageView,"scaleX",1f,
0.5f,1f);
               ObjectAnimator scaleY = ObjectAnimator.ofFloat(imageView,"scaleY",1f,
0.5f,1f);
                scale.setDuration(1000);//设置动画运行时长
                imageView.setPivotX(imageView.getWidth()/2);//指定旋转中心点的 x 坐标
                imageView.setPivotY(imageView.getHeight()/2);//指定旋转中心点的 y 坐标
                scale.play(scaleX).with(scaleY);//同时执行 scaleX 和 scaleY 动画
                scale.start();//开始播放动画
                break;
            //如果"平移动画"单选按钮被选择
            case R.id.btn_translation:
                AnimatorSet translate = new AnimatorSet();//得到一个动画集合对象
                //ImageView 先向右移动 100px，再向左平移回到原来的位置
                ObjectAnimator  translationX  =  ObjectAnimator.ofFloat(imageView,
"translationX", 0f,100f,0f);
                //ImageView 先向下移动 100px，再向上平移回到原来的位置
                ObjectAnimator  translationY  =  ObjectAnimator.ofFloat(imageView,
"translationY",0f,100f,0f);
                translate.setDuration(1000);//设置动画运行时长
                //先执行 translationX 动画，再执行 translationY 动画
                translate.play(translationY).after(translationX);
                translate.start();//开始播放动画
                break;
        }
    }
}
```

（五）知识拓展

1. 多个动画的执行顺序问题

（1）动画 1 和动画 2 同时执行

```
animatorSet.play(animator1).with(animator2);
```

（2）动画 1 在动画 2 执行完成后执行

```
animatorSet.play(animator1).after(animator2);
```

（3）动画 1 ~ 动画 3 按顺序执行

```
animatorSet.playSequentially(animator1,animator2,animator3);
```

（4）3 个动画同时执行

```
animatorSet.playTogether(animator1,animator2,animator3);
```

2. 插值器的使用

插值器用来确定动画是线性运动还是非线性运动（如加速和减速）。

调用 Animator 的 setInterpolator()方法可以设置插值器。插值器分为不同的类型，见表 2-25。

表 2-25 插值器介绍

插值器	举例
加速插值器：AccelerateInterpolator 作用：变化的速度开始缓慢，然后加速	AccelerateInterpolator interpolator=new AccelerateInterpolator(10); animator.setInterpolator(interpolator);
减速插值器：DecelerateInterpolator 作用：变化的速度开始迅速，然后减速	DecelerateInterpolator interpolator =new DecelerateInterpolator (10); animator.setInterpolator(interpolator);
AccelerateDecelerateInterpolator 作用：变化的速度开始和结束缓慢，但中间加速	AccelerateDecelerateInterpolator interpolator = new Accelerate DecelerateInterpolator(); animator.setInterpolator(interpolator);
预期插值器：AnticipateInterpolator 作用：先向反方向加速运行，再向正方向加速运行	AnticipateInterpolator interpolator = new AnticipateInterpolator(3); animator.setInterpolator(interpolator);
弹跳插值器：BounceInterpolator 作用：变化在最后反弹	BounceInterpolator interpolator = new BounceInterpolator(); animator.setInterpolator(interpolator);
周期插值器：CycleInterpolator 作用：在指定的周期数上重复动画，变化率遵循正弦曲线模式	CycleInterpolator interpolator = new CycleInterpolator(3); animator.setInterpolator(interpolator);
线性插值器：LinearInterpolator 作用：变化率不变，动画匀速运动	LinearInterpolator interpolator = new LinearInterpolator(); animator.setInterpolator(interpolator);

任务 3 实现逐帧动画

（一）任务描述

逐帧动画的实现

点击“播放”按钮后，能将 4 幅小狗的图像按照指定的顺序进行播放，形成小狗原地起跳的动画；点击“暂停”按钮后，“播放”二字变成“暂停”，动画暂停播放。逐帧动画效果图如图 2-3 所示。

图 2-3　逐帧动画效果图

（二）问题引导

什么是逐帧动画？逐帧动画指的是逐帧绘制帧内容的动画，其实现原理是把事先准备好的若干幅静态图像按照指定的顺序进行播放，利用人眼的“视觉暂留”特质，使用户产生动画的错觉。每幅图像称为一帧。

（三）知识准备

1. 指定图像的播放顺序

在 drawable 文件夹下创建 XML 文件，在该 XML 文件中指定图像的播放顺序和播放时长。要求该 XML 文件的根节点是 animation-list。每个 item 子节点表示一帧，代码如下：

```
<?xml version="1.0" encoding="utf-8"?>
<animation-list xmlns:android="http://schemas.andr*.com/apk/res/android">
    <item android:drawable="@drawable/img1" android:duration="100"/>
    <item android:drawable="@drawable/img2" android:duration="100"/>
</animation-list>
```

以上代码示例表示先显示 img1 图像 100ms，然后显示 img2 图像 100ms。drawable 属性用来指定图像资源，duration 属性用来指定显示此帧的时长（以 ms 为单位）。更多 XML 属性见表 2-26。

表 2-26　XML 属性

属性名	作用
android:drawable	用于指定图像资源
android:duration	用于指定显示此帧的时长（以 ms 为单位）
android:oneshot	默认为 false，当设置为 true 时，动画只运行一次，然后停止
android:variablePadding	默认为 false，当设置为 true 时，drawable 的 padding 值随当前选择的状态而改变
android:visible	用于设置 drawable 的可见性，默认为 false

2. AnimationDrawable 类的使用

AnimationDrawable 类用于创建逐帧动画的对象。通过 View 对象的 getBackground()方法，可以获得一个 AnimationDrawable 对象。然后调用 AnimationDrawable 的 start()方法即可播放动画，调用 stop()方法可以在当前帧中停止动画。AnimationDrawable 类的常用方法及说明见表 2-27。

表 2-27　AnimationDrawable 类的常用方法及说明

方法返回值类型	方法名及作用
void	addFrame(Drawable frame, int duration) 作用：将帧添加到动画中
boolean	isRunning() 作用：判断动画当前是否正在运行
void	setOneShot(boolean oneShot) 作用：设置动画是应该播放一次还是重复播放，参数设为 true 表示只播放一次
void	start() 作用：从第一帧开始播放动画
void	stop() 作用：在当前帧中停止播放动画

（四）任务实施

1. 创建模块

打开应用程序“多媒体的应用”，创建一个新的模块“frame_animation”，指定包名为 com.example.chapter05.demo02。

2. 导入图片

将 4 幅小狗的图片 dog1.gif、dog2.gif、dog3.gif、dog4.gif 导入 drawable 文件夹中。

3. 创建逐帧动画资源

在“frame_animation”模块的 res/drawable 文件夹中创建一个 frame_animation.xml 文件，在该文件中定义逐帧动画用到的图片及其显示时长。

【frame_animation.xml 文件】

```
<?xml version="1.0" encoding="utf-8"?>
<animation-list xmlns:android="http://schemas.andr*.com/apk/res/android">
    <item android:drawable="@drawable/dog1" android:duration="300"/>
    <item android:drawable="@drawable/dog2" android:duration="300"/>
    <item android:drawable="@drawable/dog3" android:duration="300"/>
    <item android:drawable="@drawable/dog4" android:duration="300"/>
</animation-list>
```

4. 设置布局

采用约束布局，放置一个 ImageView 用于显示动画效果，一个 Button 用于显示播放动画的按钮。

【activity_main.xml 文件】

```
<?xml version="1.0" encoding="utf-8"?>
<androidx.constraintlayout.widget.ConstraintLayout
xmlns:android="http://schemas.andr*.com/apk/res/android"
    xmlns:app="http://schemas.andr*.com/apk/res-auto"
    xmlns:tools="http://schemas.andr*.com/tools"
    android:layout_width="match_parent"
    android:layout_height="match_parent"
    tools:context=".MainActivity">

    <ImageView
        android:id="@+id/imageView"
        android:layout_width="wrap_content"
        android:layout_height="wrap_content"
        app:layout_constraintBottom_toBottomOf="parent"
        app:layout_constraintEnd_toEndOf="parent"
        app:layout_constraintStart_toStartOf="parent"
        app:layout_constraintTop_toTopOf="parent"
        android:background="@drawable/frame_animation" />

    <Button
        android:id="@+id/button"
        android:layout_width="wrap_content"
        android:layout_height="wrap_content"
        android:layout_marginBottom="8dp"
        android:text="@string/text_btn_play"
        app:layout_constraintBottom_toBottomOf="parent"
        app:layout_constraintEnd_toEndOf="parent"
        app:layout_constraintStart_toStartOf="parent" />
</androidx.constraintlayout.widget.ConstraintLayout>
```

5. 编写 Java 代码

由于界面上的“播放”按钮需要实现点击事件，所以使用当前类实现 View.OnClickListener 接口，并重写 onClick()方法，在该方法中实现动画的播放与停止。具体做法是，通过 isRunning()方法判断动画当前是否正在播放，如果没有播放，则调用 start()方法播放动画，并将按钮文字改为“暂停”；否则，调用 stop()方法停止播放动画，并将按钮文字改为“播放”。

当 Activity 销毁时，也要停止动画的播放。具体做法是，重写 onDestroy()方法，在该方法中，通过 isRunning()方法判断动画当前是否正在播放，如果是，则调用 stop()方法停止播放动画，并调用 clearAnimation()方法清空控件的动画。

【MainActivity.java 文件】

```
import androidx.appcompat.app.AppCompatActivity;
```

```
import android.graphics.drawable.AnimationDrawable;
import android.os.Bundle;
import android.view.View;
import android.widget.Button;
import android.widget.ImageView;

public class MainActivity extends AppCompatActivity implements View.OnClickListener {
    private ImageView imageView;
    private Button button;
    private AnimationDrawable frameAnimation;

    @Override
    protected void onCreate(Bundle savedInstanceState) {
        super.onCreate(savedInstanceState);
        setContentView(R.layout.activity_main);

        imageView = findViewById(R.id.imageView);
        //获取 AnimationDrawable 对象
        frameAnimation = (AnimationDrawable) imageView.getBackground();
        button = findViewById(R.id.button);
        button.setOnClickListener(this);
    }

    @Override
    public void onClick(View v) {
        if(!frameAnimation.isRunning()){//如果当前动画没有播放
            frameAnimation.start();//播放动画
            button.setText("暂停");
        }else{
            frameAnimation.stop();//停止播放动画
            button.setText("播放");
        }
    }

    @Override
    protected void onDestroy() {
        super.onDestroy();
        if(frameAnimation.isRunning())//如果动画正在播放
            frameAnimation.stop();//停止播放动画
        imageView.clearAnimation();//清空控件的动画
    }
}
```

（五）知识拓展

除了可以在 XML 文件中定义逐帧动画外，还可以通过 Java 代码定义逐帧动画。通过调用 AnimationDrawable 类的 addFrame()方法即可添加每帧的图像，并指定图像的显示时长，核心代码如下：

```
//得到一个 AnimationDrawable 对象
AnimationDrawable anim = new AnimationDrawable();
//添加 4 帧，并指定各帧显示的图像和显示时长
anim.addFrame(getResources().getDrawable(R.drawable.dog1),300);
anim.addFrame(getResources().getDrawable(R.drawable.dog2),300);
anim.addFrame(getResources().getDrawable(R.drawable.dog3),300);
anim.addFrame(getResources().getDrawable(R.drawable.dog4),300);
imageView.setBackground(anim);//将 AnimationDrawable 对象设为 ImageView 的背景
anim.start();//播放动画
```

任务 4 播放背景音乐

音频的播放

（一）任务描述

本任务需要实现的功能是：通过 Switch 开关按钮控制背景音乐的播放。当按钮处于打开状态时，播放音乐，并显示文字“音乐正在播放...”；当按钮处于关闭状态时，暂停音乐的播放，并显示文字“音乐暂停播放。”；当 Activity 被销毁时，停止音乐的播放，并释放播放器占用的资源。背景音乐效果图如图 2-4 所示。

（a）

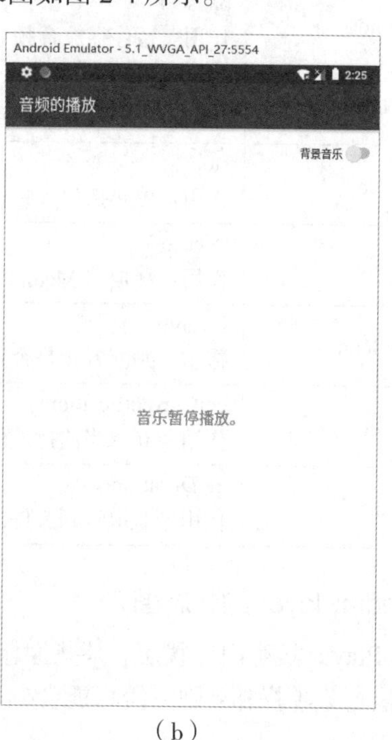

（b）

图 2-4 背景音乐效果图

（二）问题引导

音频的播放是 Android 开发中较为常用的功能，Android 是如何实现对音频播放的支持的呢？Android 提供的对音频进行处理的 API 包是 android.media，media 中包括了 AudioManager、MediaPlayer 等类，具有设置音频类型，以及控制音频的播放、暂停、停止等功能。

（三）知识准备

1. MediaPlayer 类的常用方法

在 Android 中播放音频文件一般是通过 MediaPlayer 类实现的，该类对多种格式的音频文件提供了非常全面的控制方法，常用方法见表 2-28。

表 2-28　MediaPlayer 类的常用方法

方法返回值类型	方法名及作用
void	setDataSource() 作用：设置播放的音频文件
void	Prepare() 作用：准备音频文件以便播放
void	prepareAsync() 作用：以异步的方式准备音频文件以便播放
void	start() 作用：开始播放或者继续播放音频
void	pause() 作用：暂停播放音频
void	seekTo() 作用：把播放头移动到指定的时间位置
void	stop() 作用：停止播放音频
void	release() 作用：释放与 MediaPlayer 对象相关的资源
boolean	isPlaying() 作用：判断音频是否正确播放
int	getCurrentPosition() 作用：获取当前播放位置
int	getDuration() 作用：获取音频文件的时长

2. MediaPlayer 的状态图

MediaPlayer 具有内部状态，某些操作仅在播放器处于特定状态时才有效。如果在错误的状态下执行某项操作，则系统可能会抛出异常。图 2-5 是官方文档给出的 MediaPlayer 的状态图。

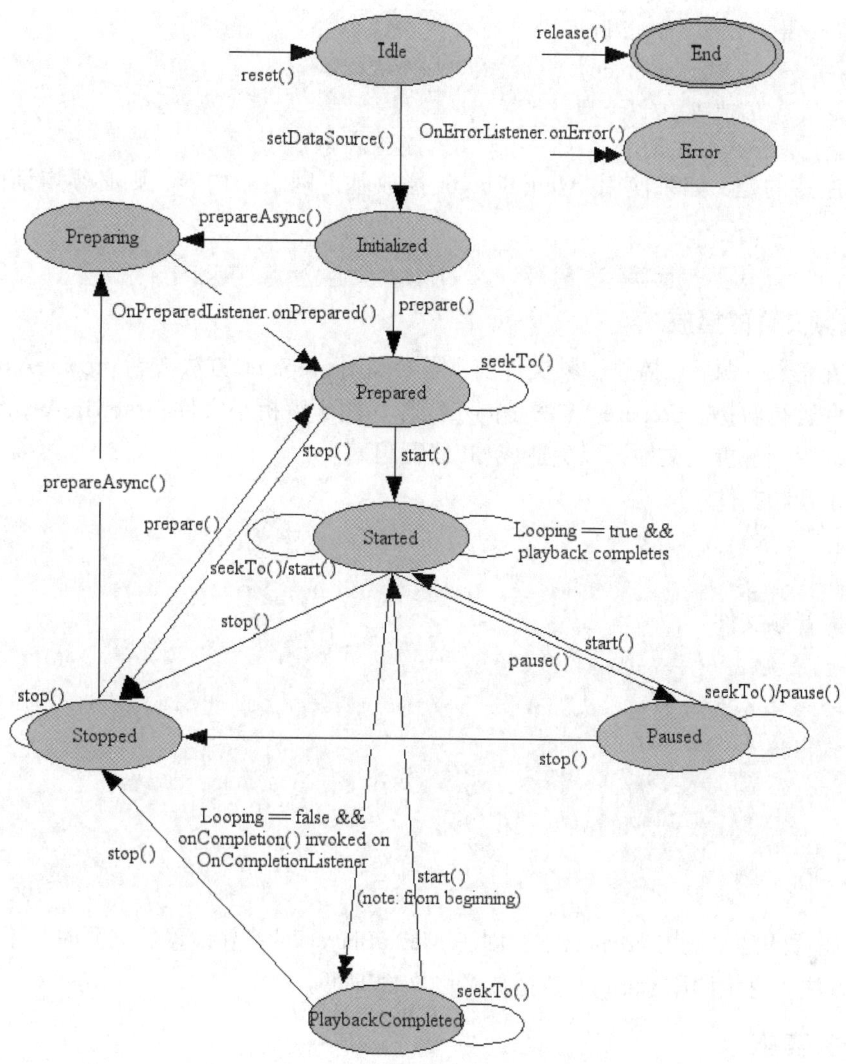

图 2-5　MediaPlayer 的状态图

图 2-5 说明了哪些方法可将 MediaPlayer 从一种状态变为另一种状态。例如，当创建新的 MediaPlayer 时，它处于 Idle 状态。此时，应该通过调用 setDataSource()方法初始化该类，使其处于 Initialized 状态。然后，必须使用 prepare()或 prepareAsync()方法完成准备工作。当 MediaPlayer 准备就绪时，它便会进入 Prepared 状态，这也意味着当前可以通过调用 start()方法使其播放媒体内容。此时，如图 2-5 所示，可以通过调用 start()、pause()和 seekTo()等方法在 Started、Paused 和 PlaybackCompleted 状态之间切换。不过请注意，当调用 stop()方法时，除非使 MediaPlayer 再次准备就绪，否则将无法再次调用 start()方法。

3. MediaPlayer 的 3 种数据源

MediaPlayer 可以播放 raw 文件夹下的音频文件，也可以播放 sd 卡中的音频文件，还可以播放网络音频文件，示例代码如下：

```
//设置 raw 文件夹下的音频文件为数据源
mediaPlayer = MediaPlayer.create(MainActivity.this, R.raw. xxx);
```

```
//设置sd卡中的音频文件为数据源
mediaPlayer.setDataSource("sd卡中音频文件的路径");
//设置网络音频文件为数据源
mediaPlayer.setDataSource("http://..../xxx.mp3");
```

需要注意的是，如果使用 MediaPlayer 播放基于网络的内容，则必须申请网络访问权限：

```
<uses-permission android:name="android.permission.INTERNET" />
```

4. 音频文件的播放

在设置完数据源后，播放音频文件前，需要调用 prepare()方法或者 prepareAsync()方法对音频文件进行解析。prepare()方法是同步操作，用于解析小文件；prepareAsync()方法是异步操作，用于解析大文件，以免造成 UI 线程阻塞。

（1）小音频文件

```
mediaPlayer.prepare();
mediaPlayer.start();//开始播放
```

（2）大音频文件

```
mediaPlayer.prepareAsync();
mediaPlayer.setOnPreparedListener(new MediaPlayer.OnPreparedListener() {
    @Override
    public void onPrepared(MediaPlayer mp) {
       mp.start();//开始播放
    }
});
```

需要注意的是，使用 create()方法创建 MediaPlayer 对象并设置数据源时，不需要调用 prepare()方法，直接调用 start()方法播放音频文件即可。

（四）任务实施

下面介绍图 2-4 所示的背景音乐播放效果的实现流程。

1. 创建模块

打开应用程序“多媒体的应用”，创建一个新的模块“musicplayer”，指定包名为 com.example.chapter05.demo03。

2. 设置布局文件

采用约束布局，放置一个开关按钮 Switch 用于切换是否开启背景音乐，放置一个 TextView 用于显示背景音乐的播放状态。

【activity_main.xml 文件】

```
<?xml version="1.0" encoding="utf-8"?>
<androidx.constraintlayout.widget.ConstraintLayout
xmlns:android="http://schemas.andr*.com/apk/res/android"
    xmlns:app="http://schemas.andr*.com/apk/res-auto"
    xmlns:tools="http://schemas.andr*.com/tools"
```

```
        android:layout_width="match_parent"
        android:layout_height="match_parent"
        tools:context=".MainActivity">

        <Switch
            android:id="@+id/switch_music"
            android:layout_width="wrap_content"
            android:layout_height="wrap_content"
            android:layout_marginTop="16dp"
            android:text="@string/text_switch"
            app:layout_constraintEnd_toEndOf="parent"
            app:layout_constraintTop_toTopOf="parent" />

        <TextView
            android:id="@+id/hint_text"
            android:layout_width="wrap_content"
            android:layout_height="wrap_content"
            android:textSize="20sp"
            app:layout_constraintBottom_toBottomOf="parent"
            app:layout_constraintEnd_toEndOf="parent"
            app:layout_constraintStart_toStartOf="parent"
            app:layout_constraintTop_toTopOf="parent" />
    </androidx.constraintlayout.widget.ConstraintLayout>
```

3. 编写 Java 代码

由于界面上的开关按钮需要实现切换事件，所以使用当前类实现 CompoundButton.OnCheckedChangeListener 接口，并重写 onCheckedChanged()方法，在该方法中实现背景音乐的播放与暂停。具体做法是，通过 isChecked()方法判断 Switch 当前是否处于打开状态，如果处于打开状态，则通过 isOk 判断音频文件是否已经准备好，如果没有准备好，则准备好后再播放，如果已经准备好了，则直接播放。音频播放时将提示文字改为“音乐正在播放…”；否则（Switch 处于关闭状态），调用 pause()方法暂停播放音频，并将提示文字改为“音乐暂停播放。”。

当 Activity 销毁时，要停止音频的播放。具体做法是，重写 onDestroy()方法，在该方法中，通过 mediaPlayer.isPlaying()判断音频当前是否正在播放，如果是，则先调用 stop()方法停止播放，然后调用 release()方法释放 MediaPlayer 对象占用的资源；否则，直接释放占用的资源。

【MainActivity.java 文件】

```
import androidx.appcompat.app.AppCompatActivity;
import android.media.AudioManager;
import android.media.MediaPlayer;
```

```
    import android.os.Bundle;
    import android.widget.CompoundButton;
    import android.widget.Switch;
    import android.widget.TextView;
    import android.widget.Toast;
    import java.io.IOException;

    public class MainActivity extends AppCompatActivity implements CompoundButton.
OnCheckedChangeListener {
        private Switch switchMusic;
        private TextView hintText;
        private MediaPlayer mediaPlayer;
        private boolean isOk = false;

        @Override
        protected void onCreate(Bundle savedInstanceState) {
            super.onCreate(savedInstanceState);
            setContentView(R.layout.activity_main);

            //创建MediaPlayer对象
            mediaPlayer = new MediaPlayer();
            //设置音频类型
            mediaPlayer.setAudioStreamType(AudioManager.STREAM_MUSIC);
            try {
            //设置需要播放的音乐文件
            mediaPlayer.setDataSource("https://cdn.pix*.com/download/audio/
2021/03/25/audio_16fec4f58c.mp3?filename=moments-3481.mp3");
            } catch (IOException e) {
                e.printStackTrace();
                Toast.makeText(this, "音乐路径有误！", Toast.LENGTH_SHORT).show();
            }
            //异步操作，在子线程准备音频文件
            mediaPlayer.prepareAsync();
            hintText = findViewById(R.id.hint_text);

            switchMusic = findViewById(R.id.switch_music);
            //为开关按钮设置CheckedChange事件监听器
            switchMusic.setOnCheckedChangeListener(this);
        }

        @Override
```

```
        public void onCheckedChanged(CompoundButton buttonView, boolean isChecked) {
            if(isChecked){//当开关按钮打开时
                if(!isOk) {//如果音频文件没有准备好
                    hintText.setText("音乐准备中......");
                    switchMusic.setEnabled(false);
                    mediaPlayer.setOnPreparedListener(new
MediaPlayer.OnPreparedListener() {
                        @Override
                        public void onPrepared(MediaPlayer mp) {
                            hintText.setText("音乐准备完成，即将播放。");
                            isOk = true;
                            mp.start();//开始播放
                            hintText.setText("音乐正在播放......");
                            switchMusic.setEnabled(true);
                        }
                    });
                }
                else if(isOk) {//如果音频文件准备好了
                    mediaPlayer.start();//开始播放
                    hintText.setText("音乐正在播放......");
                }
            }
            else {//当开关按钮关闭时
                hintText.setText("");
                if(mediaPlayer!=null && mediaPlayer.isPlaying()){//如果音乐正在播放
                    mediaPlayer.pause();//暂停播放
                    hintText.setText("音乐暂停播放。");
                }
            }
        }

        @Override
        protected void onDestroy() {
            super.onDestroy();
            if(mediaPlayer != null) {
                if (mediaPlayer.isPlaying())
                    mediaPlayer.stop();//停止播放
                //释放 MediaPlayer 对象占用的资源
                mediaPlayer.release();
                mediaPlayer = null;
            }
```

```
    }
}
```

4. 添加网络访问权限

因为播放的是网络音频文件，所以必须申请网络访问权限：

```
<uses-permission android:name="android.permission.INTERNET" />
```

（五）知识拓展

使用 MediaPlayer 播放音频文件存在一些不足，例如资源占用率较高、延迟时间较长、不支持多个音频同时播放等。这些缺点决定了 MediaPlayer 在某些场合的使用情况不太理想，例如在对时间精准度要求相对较高的游戏开发中。因此，Android 系统提供了另一个播放音频的类 SoundPool。SoundPool 最大只能申请 1M 的内存空间，适用于播放短促的音频，不适用于播放歌曲或者背景音乐。

1. SoundPool 类的常用方法

SoundPool 类用于播放音频的常用方法见表 2-29。

表 2-29　SoundPool 类的常用方法

方法返回值类型	方法名及作用
int	load() 作用：加载音频文件
final int	play() 作用：播放音频
final void	pause(int streamID) 作用：根据加载的资源 ID 暂停音频的播放
final void	resume(int streamID) 作用：根据加载的资源 ID 继续播放暂停的音频
final void	release() 作用：释放声音池资源
final void	stop(int streamID) 作用：根据加载的资源 ID 停止音频的播放
final boolean	unload(int soundID) 作用：根据 soundID 卸载音频资源
final void	setLoop(int streamID, int loop) 作用：设置循环模式
final void	setVolume(int streamID, float leftVolume, float rightVolume) 作用：根据加载的资源 ID 设置左右声道的音量

2. 使用 SoundPool 播放音频的过程

① 在 res 文件夹下创建 raw 文件夹，把音频文件复制到 raw 文件夹中。

② 创建 SoundPool 对象。

Android5.0 之前可以通过 SoundPool 的构造方法创建 SoundPool 对象，Android5.0 之后可以通过 SoundPool 类的内部类 Builder 创建 SoundPool 对象，代码如下：

```
if (android.os.Build.VERSION.SDK_INT >= android.os.Build.VERSION_CODES.LOLLIPOP) {
        SoundPool.Builder soundPoolBuilder = new SoundPool.Builder();
        //设置声音池的最大音频数
        soundPoolBuilder.setMaxStreams(3);
        AudioAttributes.Builder atrrBuilder = new AudioAttributes.Builder();
        //设置音频类型
        atrrBuilder.setLegacyStreamType(AudioManager.STREAM_MUSIC);
        soundPoolBuilder.setAudioAttributes(atrrBuilder.build());
        //创建 SoundPool 对象
        soundPool = soundPoolBuilder.build();
      }else {
        /*第 1 个参数：声音池的最大音频数
          第 2 个参数：设置音频类型
          第 3 个参数：设置音频的品质，默认为 0
        */
        soundPool = new SoundPool(3,AudioManager.STREAM_MUSIC,0);
}
```

③ 加载音频文件。

创建 SoundPool 对象后，就可以调用 load()方法来加载音频文件了。load()方法会返回一个 soundID 供其他方法使用，load()方法共有 4 种形式（互为重载），其说明见表 2-30。

表 2-30　load()方法说明

方法返回值类型	方法名及作用
int	load(Context context, int resId, int priority) 作用：从指定的 APK 资源加载声音，参数 resId 用来指定资源 ID，参数 priority 用来指定播放音频的优先级
int	load(String path, int priority) 作用：从指定路径加载声音，参数 path 用来指定音频文件的路径
int	load(AssetFileDescriptor afd, int priority) 作用：从 AssetFileDescriptor 所对应的文件中加载声音
int	load(FileDescriptor fd, long offset, long length, int priority) 作用：通过 FileDescriptor 加载声音，加载的开始位置由 offset 指定，加载的长度由 length 指定

加载 raw 文件夹下的音频文件 bird.wav 的示例代码如下：

```
int birdId = soundPool.load(MainActivity.this,R.raw.bird,1);
```

④ 播放音频。

调用 SoundPool 对象的 play()方法即可播放音频文件。play()方法说明见表 2-31。

表 2-31　play()方法说明

方法返回值类型	方法名及作用
final int	play(int soundID, float leftVolume, float rightVolume, int priority, int loop, float rate) 作用：播放音频 参数 soundID：指定需要播放的音频 ID，该 ID 由 load()方法返回 参数 leftVolume：指定左声道的音量，取值范围 0～1.0 参数 rightVolume：指定右声道的音量，取值范围 0～1.0 参数 priority：指定播放音频的优先级，数值越大，优先级越高 参数 loop：指定循环播放的次数，0 表示不循环，−1 表示无限循环 参数 rate：指定播放速率，1 表示正常播放速率，0.5 表示最低播放速率，2 表示最高播放速率

播放 raw 文件夹下的音频文件 bird.wav 的示例代码如下：

```
soundPool.play(birdId,1f,1f,3,-1,1);
```

任务 5　实现视频播放

（一）任务描述

本任务需要实现的功能是：通过 MediaPlayer 和 SurfaceView 实现视频的播放。左边的按钮实现继续播放和暂停播放功能的切换，右边的按钮实现重播的功能。当 Activity 最小化后再重新显示时，视频能从最小化前的位置开始播放。当 Activity 被销毁时，停止视频的播放，并释放播放器占用的资源。视频播放器效果图如图 2-6 所示。

图 2-6　视频播放器效果图

（二）问题引导

Android 是如何实现对视频播放的支持的呢？与音频播放相比，视频的播放需要将影像展示出来。在 Android 系统中，MediaPlayer 不仅可以播放音频，还可以与 SurfaceView 相配合播放视频，SurfaceView 主要负责显示在 MediaPlayer 中解析得到的视频图像。

（三）知识准备

1. SurfaceView 简介

SurfaceView 把视频解析成一帧一帧的图像，并把这些图像显示出来。如果把这些工作放在一个线程中完成，会导致画面不流畅或者视频不同步的情况发生。SurfaceView 通过双缓冲机制解决这个问题，即通过两个线程循环交替地解析某一帧图像并显示图像，前端缓冲区是正在渲染的图形缓冲区，后端缓冲区是接下来要渲染的图形缓冲区。当我们要播放某一帧时，它已经提前帮我们加载好后面一帧了，所以视频播放起来很流畅。

2. Surface 简介

Surface 是由屏幕显示内容合成器（screen compositor）管理的原生缓冲器的句柄，即通过 Surface 可以获得原生缓冲器及其中的内容。原生缓冲器（raw buffer）是用来保存当前窗口的像素数据的。Surface 中的 Canvas 成员能用于画图形或图像。Surface 通过 SurfaceView 展示其中的内容。

3. SurfaceHolder 简介

SurfaceHolder 是一个接口，用于维护和管理 SurfaceView 背后的 Surface。SurfaceHolder 通过 3 个回调方法，让我们可以监听到 Surface 的创建、销毁或者改变。在 SurfaceView 中有一个 getHolder()方法，可以很方便地获得 SurfaceView 背后的 Surface 所对应的 SurfaceHolder，代码如下：

```
//监听 Surface 在创建、销毁、改变时的状态
surfaceView.getHolder().addCallback(new SurfaceHolder.Callback() {
    //当 Surface 创建时调用
    @Override
    public void surfaceCreated(SurfaceHolder surfaceHolder) {
    }
    //当 Surface 发生结构性变化时（格式或者大小变化时）调用
    @Override
    public void surfaceChanged(SurfaceHolder surfaceHolder, int i, int i1, int i2) {
    }
    //当 Surface 销毁时调用
    @Override
    public void surfaceDestroyed(SurfaceHolder surfaceHolder) {
    }
});
```

（四）任务实施

下面介绍图 2-6 所示的视频播放器效果的实现流程。

1. 创建模块

打开应用程序“多媒体的应用”，创建一个新的模块“videoplayer”。

2. 准备视频文件

在 res 文件夹下，创建一个 raw 文件夹，把需要播放的视频文件 video.mp4 复制到 raw 文件夹中。

3. 设置布局

采用线性布局，放置两个按钮，用于控制视频的暂停播放、继续播放和重播，放置一个 SurfaceView 控件用于显示视频图像。

【activity_main.xml 文件】

```
<?xml version="1.0" encoding="utf-8"?>
<LinearLayout xmlns:android="http://schemas.andr*.com/apk/res/android"
    xmlns:app="http://schemas.andr*.com/apk/res-auto"
    xmlns:tools="http://schemas.andr*.com/tools"
    android:layout_width="match_parent"
    android:layout_height="match_parent"
    android:orientation="vertical"
    tools:context="com.example.chapter05.demo04.MainActivity">

    <LinearLayout
        android:layout_width="match_parent"
        android:layout_height="wrap_content"
        android:layout_weight="0"
        android:orientation="horizontal">

        <Button
            android:id="@+id/btnPause"
            android:layout_width="wrap_content"
            android:layout_height="wrap_content"
            android:layout_marginStart="5px"
            android:layout_marginLeft="5px"
            android:layout_marginEnd="5px"
            android:layout_marginRight="5px"
            android:layout_weight="1"
            android:text="暂停" />

        <Button
            android:id="@+id/btnReplay"
            android:layout_width="wrap_content"
            android:layout_height="wrap_content"
```

```
            android:layout_marginStart="5px"
            android:layout_marginLeft="5px"
            android:layout_marginEnd="5px"
            android:layout_marginRight="5px"
            android:layout_weight="1"
            android:text="重播" />
    </LinearLayout>

    <SurfaceView
        android:id="@+id/surfaceView"
        android:layout_width="wrap_content"
        android:layout_height="wrap_content" />
</LinearLayout>
```

4. 编写 Java 代码

（1）找到所有控件

```
btnPause = findViewById(R.id.btnPause);
btnReplay = findViewById(R.id.btnReplay);
surfaceView = findViewById(R.id.surfaceView);
```

（2）为按钮和 surfaceView 设置监听

通过调用 addCallback()方法，监听 Surface 在创建、销毁、改变时的状态。当 Surface 创建时，创建 MediaPlayer 对象，把 SurfaceView 控件与 MediaPlayer 关联起来，并在视频文件准备好之后播放视频。当 Surface 销毁时（例如用户按 Home 键，Activity 被最小化时），记录下视频当前播放位置，以便重新打开 Activity 时能从该位置开始播放，如果视频正在播放，还需要先停止视频的播放，代码如下：

```
private void setListeners() {
    btnPause.setOnClickListener(this);
    btnReplay.setOnClickListener(this);
    //监听 Surface 在创建、销毁、改变时的状态
    surfaceView.getHolder().addCallback(new SurfaceHolder.Callback() {
        //当 Surface 创建时调用
        @Override
        public void surfaceCreated(SurfaceHolder surfaceHolder) {
            mediaPlayer = new MediaPlayer();
            mediaPlayer.setAudioStreamType(AudioManager.STREAM_MUSIC);
            Uri uri = Uri.parse(ContentResolver.SCHEME_ANDROID_RESOURCE + "://" +
                    getPackageName() + "/" + R.raw.video);//视频文件路径
            try {
                mediaPlayer.setDataSource(MainActivity.this, uri);
            } catch (IOException e) {
                e.printStackTrace();
```

```
                    Toast.makeText(MainActivity.this, "播放失败", Toast.LENGTH_SHORT).
show();
                }
                //把 SurfaceView 控件与 MediaPlayer 关联起来
                mediaPlayer.setDisplay(surfaceHolder);
                mediaPlayer.prepareAsync();
                mediaPlayer.setOnPreparedListener(new MediaPlayer.OnPreparedListener() {
                    @Override
                    public void onPrepared(MediaPlayer mp) {
                        play();
                    }
                });
            }
            //当 Surface 发生结构性变化时（格式或者大小变化时）调用
            @Override
            public void surfaceChanged(SurfaceHolder surfaceHolder, int i, int i1, int
i2) {
            }
            //当 Surface 销毁时调用
            @Override
            public void surfaceDestroyed(SurfaceHolder surfaceHolder) {
                if(mediaPlayer!=null)
                    currentPostion = mediaPlayer.getCurrentPosition();
                if(mediaPlayer.isPlaying())
                    stop();
            }
        });
    }
```

（3）当 Activity 销毁时，释放 MediaPlayer 占用的资源

```
    @Override
    protected void onDestroy() {
        super.onDestroy();
        if(mediaPlayer!=null && mediaPlayer.isPlaying())
        {
            mediaPlayer.release();
            mediaPlayer = null;
        }
    }
```

完整代码如下：

【MainActivity.java 文件】

```
    import android.content.ContentResolver;
```

```
import android.media.AudioManager;
import android.media.MediaPlayer;
import android.net.Uri;
import android.os.Bundle;
import android.view.SurfaceHolder;
import android.view.SurfaceView;
import android.view.View;
import android.widget.Button;
import android.widget.Toast;

import androidx.appcompat.app.AppCompatActivity;

import java.io.IOException;

public class MainActivity extends AppCompatActivity implements View.OnClickListener {
    private Button btnPause, btnReplay;
    private MediaPlayer mediaPlayer;
    private SurfaceView surfaceView;
    private int currentPostion = 0;

    @Override
    protected void onCreate(Bundle savedInstanceState) {
        super.onCreate(savedInstanceState);
        setContentView(R.layout.activity_main);

        findViews();//找到所有控件
        setListeners();//为按钮和 SurfaceView 设置监听
    }

    //找到所有控件
    private void findViews() {
        btnPause = findViewById(R.id.btnPause);
        btnReplay = findViewById(R.id.btnReplay);
        surfaceView = findViewById(R.id.surfaceView);
    }

    //为按钮和 SurfaceView 设置监听
    private void setListeners() {
        btnPause.setOnClickListener(this);
        btnReplay.setOnClickListener(this);
        //监听 Surface 在创建、销毁、改变时的状态
```

```
        surfaceView.getHolder().addCallback(new SurfaceHolder.Callback() {
            //当 Surface 创建时调用
            @Override
            public void surfaceCreated(SurfaceHolder surfaceHolder) {
                mediaPlayer = new MediaPlayer();
                mediaPlayer.setAudioStreamType(AudioManager.STREAM_MUSIC);
                Uri uri = Uri.parse(ContentResolver.SCHEME_ANDROID_RESOURCE + "://" +
                        getPackageName() + "/" + R.raw.video);//视频文件路径
                try {
                    mediaPlayer.setDataSource(MainActivity.this, uri);
                } catch (IOException e) {
                    e.printStackTrace();
                    Toast.makeText(MainActivity.this, "播放失败", Toast.LENGTH_
SHORT).show();
                }
                //把 SurfaceView 控件与 MediaPlayer 关联起来
                mediaPlayer.setDisplay(surfaceHolder);

                mediaPlayer.prepareAsync();
                mediaPlayer.setOnPreparedListener(new MediaPlayer.OnPreparedListener() {
                    @Override
                    public void onPrepared(MediaPlayer mp) {
                        play();
                    }
                });
            }

            //当 Surface 发生结构性变化时（格式或者大小变化时）调用
            @Override
            public void surfaceChanged(SurfaceHolder surfaceHolder, int i, int i1, int
i2) {

            }

            //当 Surface 销毁时调用
            @Override
            public void surfaceDestroyed(SurfaceHolder surfaceHolder) {
                if(mediaPlayer!=null)
                    currentPostion = mediaPlayer.getCurrentPosition();
                if(mediaPlayer.isPlaying())
                    stop();
```

```
            }
        });
    }

    @Override
    public void onClick(View view) {
        switch (view.getId())
        {
            case R.id.btnPause:
                //暂停/继续按钮
                pause();
                break;
            case R.id. btnReplay:
                //重播按钮
                replay();
                break;
        }
    }

    //播放
    private void play() {
        mediaPlayer.seekTo(currentPostion);
        mediaPlayer.start();
        mediaPlayer.setOnCompletionListener(new MediaPlayer.OnCompletionListener() {
            @Override
            public void onCompletion(MediaPlayer mp) {
                mp.start();
            }
        });
    }

    //暂停或继续
    private void pause(){
        if(mediaPlayer!=null && mediaPlayer.isPlaying())
        {
            mediaPlayer.pause();
            btnPause.setText("继续");
            return;
        }
        if("继续".equals(btnPause.getText().toString().trim()))
        {
```

```
                mediaPlayer.start();
                btnPause.setText("暂停");
            }
        }

        //重播
        private void replay() {
            currentPostion = 0;
            if(mediaPlayer!=null && mediaPlayer.isPlaying())
            {
                //把播放头移动到开始位置
                mediaPlayer.seekTo(currentPostion);
            }
            else {
                play();
            }
        }

        //停止
        private void stop() {
            if(mediaPlayer!=null && mediaPlayer.isPlaying())
            {
                mediaPlayer.stop();
            }
        }

        //Activity销毁时
        @Override
        protected void onDestroy() {
            super.onDestroy();
            if(mediaPlayer!=null && mediaPlayer.isPlaying())
            {
                mediaPlayer.release();//释放MediaPlayer占用的资源
                mediaPlayer = null; //将对象mediaPlayer设置为null
            }
        }
}
```

（五）知识拓展

在 Android 系统中还可以使用 VideoView 控件播放视频，采用这种方式播放视频较为简单，但消耗的系统内存较大。下面对这种方式播放视频的过程进行简单的介绍。

1. 在布局中添加 VideoView 控件

```
<VideoView
        android:id="@+id/videoView"
        android:layout_width="match_parent"
        android:layout_height="wrap_content"
        android:layout_weight="0" />
```

2. 准备视频文件

在 res 文件夹下，创建一个 raw 文件夹，把需要播放的视频文件 video.mp4 复制到 raw 文件夹中。

3. 为 videoView 设置需要播放的视频资源

```
VideoView videoView = findViewById(R.id.videoView);
```

（1）将 raw 文件夹下的视频设置为 videoView 的播放资源

```
Uri uri = Uri.parse(ContentResolver.SCHEME_ANDROID_RESOURCE + "://" +
                     getPackageName() + "/" + R.raw.video);//视频文件路径
videoView.setVideoURI(uri);//设置 videoView 的播放资源
```

（2）将网络视频设置为 videoView 的播放资源

```
Uri uri = Uri.parse(Uri.parse("http://www.***.mp4"));
videoView.setVideoURI(uri);
```

（3）将 sd 卡中的视频设置为 videoView 的播放资源

```
videoView.setVideoPath("sd 卡目录/***.mp4");
```

4. 创建媒体管理器

```
MediaController controller = new MediaController(getContext());
```

5. 为 videoView 绑定媒体管理器

```
videoView.setMediaController(controller);
```

6. 播放视频

```
videoView.start();
```

注意，如果播放的是网络视频，需要在 AndroidManifest.xml 文件的 manifest 节点中添加网络访问权限：

```
<uses-permission android:name="android.permission.INTERNET"/>
```

任务 6 使用相机和相册实现拍照和选择图像

（一）任务描述

相机和相册的使用-1

本任务将实现拍照和从相册中选择图像的功能。如图 2-7（a）所示，点击右侧头像，能打开菜单，如图 2-7（b）所示。当用户选择“拍照”菜单项时，能打开系统拍照程序进行拍照，拍出的照片显示在右侧的 ImageView 中；当用户选择“从相册中选择”菜单项时，能打开相册，供用户选择一张图片作为头像。

（a）

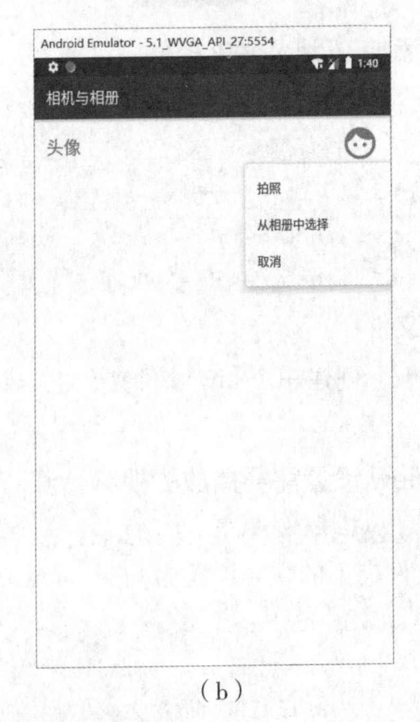

（b）

图 2-7 相机与相册效果图

（二）问题引导

在常用的 App（例如 QQ、微信、微博等）中，经常需要分享图片，此时就需要用到拍照和从相册中读取图片的功能。在 Android 中如何实现这两个功能呢？本任务通过启动系统自带的拍照程序和使用 Android 内置的 Activity 来实现这些功能。

（三）知识准备

1. 声明权限

在 AndroidManifest.xml 文件的 manifest 节点中声明使用相机的权限和外部存储设备的存取权限，代码如下：

```
<uses-permission android:name="android.permission.CAMERA" />
<uses-permission android:name="android.permission.READ_EXTERNAL_STORAGE" />
<uses-permission android:name="android.permission.WRITE_EXTERNAL_STORAGE" />
```

2. 动态申请权限

在 Android6.0 以后，对于部分敏感的“危险”权限，除了在 AndroidManifest.xml 文件中声明权限外，还需要在应用运行时向用户申请，只有在用户允许的情况下这些权限才会被授予应用。因此，接下来还需要在代码中动态申请权限，分为两个步骤：一是使用 ContextCompat 的 checkSelfPermission() 检测相关权限是否被用户许可了，如果没有许可，则调用 ActivityCompat 的 requestPermissions()请求用户授权；二是通过对 onRequestPermissionsResult() 方法的回调判断用户是否同意授权，如果结果是 PackageManager.PERMISSION_GRANTED 则表示用户同意授权，如果结果是 PackageManager.PERMISSION_DENIED 则表示用户不同意授权。示例代码如下：

```
//检测相机权限
if (ContextCompat.checkSelfPermission(this, Manifest.permission.CAMERA) != Package
Manager.PERMISSION_GRANTED)
{//如果未授权，则请求用户授权
    ActivityCompat.requestPermissions(MainActivity.this,
            new String[]{ Manifest.permission.CAMERA },
            PERMISSIONS_REQUEST);
} else {
  //如果已经授权，在此处编写相应的功能代码
}

//用户对授权请求做出反馈后，回调该方法
@Override
public void onRequestPermissionsResult(int requestCode, String permissions[], int[]
grantResults) {
    switch (requestCode) {
        case PERMISSIONS_REQUEST:
            if (grantResults.length >0
                    && grantResults[0] == PackageManager.PERMISSION_GRANTED) {
                    //如果用户同意授权，则在此处编写相应的功能代码
            } else {
                    //如果用户不同意授权，则在此处编写相应的功能代码
            }
    }
}
```

3. 使用摄像头拍照

调用系统拍照程序可以非常方便地实现使用摄像头拍照的功能。具体做法是，创建一个动作为 MediaStore.ACTION_IMAGE_CAPTURE 的 Intent 对象，调用 Intent 的 putExtra()方法指定照片输出路径，执行 startActivityForResult()方法启动系统自带的拍照程序，即可使用摄像头进行拍照，代码如下：

```
Intent intentCapture = new Intent(MediaStore.ACTION_IMAGE_CAPTURE);
intentCapture.putExtra(MediaStore.EXTRA_OUTPUT, Uri.fromFile(picFile));//1
startActivityForResult(intentCapture, REQUEST_CAMERA);
```

需要注意的是，以上代码的注释 1 处的含义是，将用于保存照片的文件 picFile 的 URI 通过 Intent 对象传递给系统的拍照程序，这就意味着将文件的 URI 暴露给了另一个 Activity，如果不做处理，程序运行时将会报出如下错误：

```
android.os.FileUriExposedException:
```

```
    file:///storage/emulated/0/Pictures/***.jpg exposed beyond app through ClipData.
Item.getUri()
```

解决该错误的办法是，在 onCreate()方法中，调用 StrictMode.VmPolicy.Builder 的 detectFileUriExposure()方法启用文件曝光检查，代码如下：

```
StrictMode.VmPolicy.Builder builder = new StrictMode.VmPolicy.Builder();
StrictMode.setVmPolicy(builder.build());
builder.detectFileUriExposure();
```

拍照后，在 onActivityResult()中处理照片的 URI，将照片显示到 ImageView 中，并发送广播通知图库更新，代码如下：

```
ivAvatar.setImageURI(Uri.fromFile(picFile));
//发送广播，通知图库更新
Intent intent = new Intent(Intent.ACTION_MEDIA_SCANNER_SCAN_FILE);
Uri uri = Uri.fromFile(picFile);
intent.setData(uri);
sendBroadcast(intent);
```

4. 读取相册的图片

使用 Android 内置的 Activity 可以方便地实现选取相册图片的功能。具体做法是，首先创建一个动作为 Intent.ACTION_PICK 的 Intent 对象，指定 URI 为 MediaStore.Images.Media.EXTERNAL_CONTENT_URI，执行 startActivityForResult()方法打开系统相册界面，代码如下：

```
Intent intentAlbum =
new Intent(Intent.ACTION_PICK,MediaStore.Images.Media.EXTERNAL_CONTENT_URI);
intentAlbum.setType("image/*");
//打开相册选择界面
startActivityForResult(intentAlbum,REQUEST_ALBUM);
```

然后在 onActivityResult()中处理返回的图片 URI，将图片显示到 ImageView 中：

```
    @Override
    protected void onActivityResult(int requestCode, int resultCode, @Nullable Intent
data) {
        super.onActivityResult(requestCode, resultCode, data);
        if(resultCode == RESULT_OK){
            if(requestCode == REQUEST_CAMERA){//如果是“拍照”
                …
            }else if(requestCode == REQUEST_ALBUM){//如果是“从相册中选择”
                Uri dataUri = data.getData();
                ContentResolver contentResolver = getContentResolver();
                try {
                    Bitmap bitmap = BitmapFactory.decodeStream(contentResolver.open
InputStream(dataUri));
                    ivAvatar.setImageBitmap(bitmap);
                } catch (FileNotFoundException e) {
```

```
                e.printStackTrace();
            }
        }
    }
}
```

（四）任务实施

下面介绍图 2-7 所示的相机与相册效果图的实现流程。

1. 创建模块

打开应用程序“多媒体的应用”，创建一个新的模块“photograph”，指定包名为com.example.chapter05.demo05。

2. 设置布局文件

采用约束布局，放置一个 TextView，用于显示“头像”二字，放置一个 ImageView，用于显示图像，单击 ImageView 能弹出菜单。

【activity_main.xml 文件】

```
<?xml version="1.0" encoding="utf-8"?>
<androidx.constraintlayout.widget.ConstraintLayout
xmlns:android="http://schemas.andr*.com/apk/res/android"
    xmlns:app="http://schemas.andr*.com/apk/res-auto"
    xmlns:tools="http://schemas.andr*.com/tools"
    android:layout_width="match_parent"
    android:layout_height="match_parent"
    tools:context=".MainActivity">

    <TextView
        android:id="@+id/textView"
        android:layout_width="wrap_content"
        android:layout_height="wrap_content"
        android:layout_marginLeft="16dp"
        android:text="头像"
        android:textSize="24sp"
        app:layout_constraintBottom_toTopOf="@+id/guideline"
        app:layout_constraintLeft_toLeftOf="parent"
        app:layout_constraintTop_toTopOf="parent" />

    <androidx.constraintlayout.widget.Guideline
        android:id="@+id/guideline"
        android:layout_width="wrap_content"
        android:layout_height="wrap_content"
```

```
        android:orientation="horizontal"
        app:layout_constraintGuide_percent="0.1" />

    <ImageView
        android:id="@+id/iv_avatar"
        android:layout_width="50dp"
        android:layout_height="50dp"
        android:layout_marginEnd="16dp"
        android:layout_marginRight="16dp"
        app:layout_constraintBottom_toTopOf="@+id/guideline"
        app:layout_constraintEnd_toEndOf="parent"
        app:layout_constraintTop_toTopOf="parent"
        app:srcCompat="@drawable/ic_baseline_face_24" />

</androidx.constraintlayout.widget.ConstraintLayout>
```

3. 编写菜单资源文件

右击 res 文件夹，选择 New|Android Resource File 选项，在弹出的窗口中为菜单文件取名为 popmenu，如图 2-8 所示。

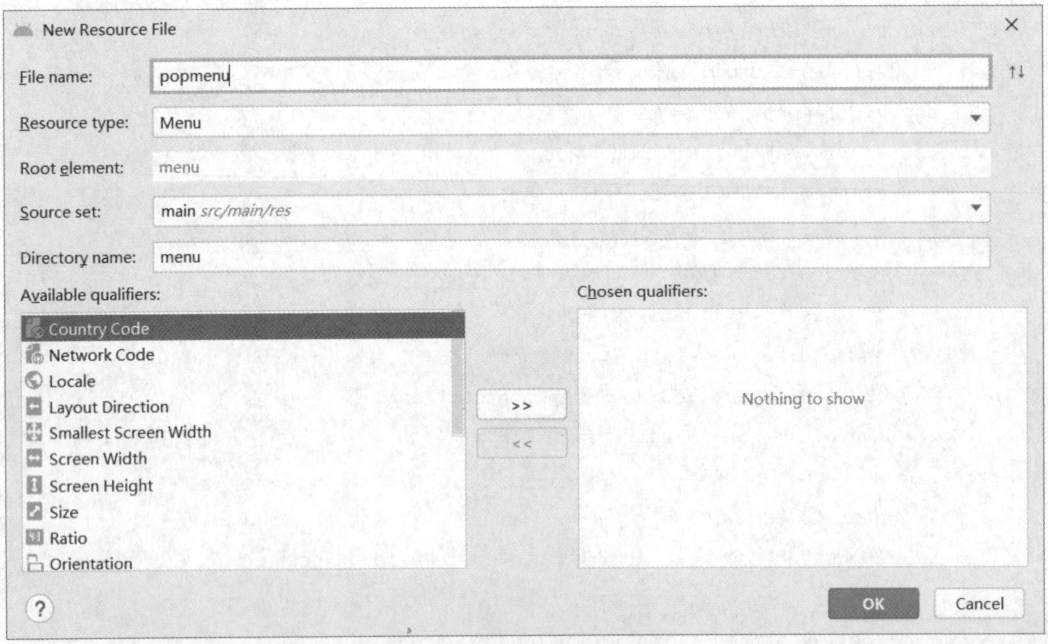

图 2-8　创建菜单资源文件窗口

单击 OK 按钮后，在 res 文件夹下会出现一个子文件夹 menu，menu 下是创建的菜单文件 popmenu.xml。双击打开 popmenu.xml 文件，在该文件中添加 item 节点，每个 item 节点代表一个菜单项。item 节点的 id 属性是该菜单项的唯一标识，不能与其他菜单项的 id 重复，item 节点的 title 属性用来设置菜单项的显示文本。代码如下：

```
<?xml version="1.0" encoding="utf-8"?>
<menu xmlns:android="http://schemas.android.com/apk/res/android">
    <item
        android:id="@+id/camera"
        android:title="拍照" />
    <item
        android:id="@+id/album"
        android:title="从相册中选择" />
    <item
        android:id="@+id/cancel"
        android:title="取消" />
</menu>
```

接着，需要在 Java 代码中把 popmenu.xml 文件转化为弹出菜单并显示出来，还需要监听弹出菜单的菜单项的点击事件。具体代码参考步骤 4 “编写 Java 代码” 中的 showPopupMenu()方法和 popupMenu.setOnMenuItemClickListener()方法。

4. 编写 Java 代码

（1）为 ImageView 设置点击事件监听器

```
ivAvatar = findViewById(R.id.iv_avatar);
ivAvatar.setOnClickListener(this);
```

（2）当监听到点击事件发生时，请求相机权限和存储权限

```
@Override
public void onClick(View v) {
    //请求相机权限和存储权限
    requestPermission();
}

private void requestPermission() {
    //检测相机权限和读写文件权限
    if (ContextCompat.checkSelfPermission(this, Manifest.permission.CAMERA) !=
PackageManager.PERMISSION_GRANTED
            || ContextCompat.checkSelfPermission(this, Manifest.permission.READ_
EXTERNAL_STORAGE) != PackageManager.PERMISSION_GRANTED
            || ContextCompat.checkSelfPermission(this, Manifest.permission.WRITE_
EXTERNAL_STORAGE) != PackageManager.PERMISSION_GRANTED
    ){
        //如果未授权，则请求用户授权
        ActivityCompat.requestPermissions(MainActivity.this,
                new String[]{ Manifest.permission.CAMERA,Manifest.permission.READ_
EXTERNAL_STORAGE,Manifest.permission.WRITE_EXTERNAL_STORAGE},
                PERMISSIONS_REQUEST);
```

```
        } else {
            //如果已经授权，则弹出菜单项
            showPopupMenu(ivAvatar);
        }
    }

    //用户对授权请求做出反馈后，回调该方法
    @Override
    public void onRequestPermissionsResult(int requestCode, String permissions[], int[]
grantResults) {
        switch (requestCode) {
            case PERMISSIONS_REQUEST:
                if (grantResults.length == 3
                        && grantResults[0] == PackageManager.PERMISSION_GRANTED
                        && grantResults[1] == PackageManager.PERMISSION_GRANTED
                        && grantResults[2] == PackageManager.PERMISSION_GRANTED) {
                    //如果相机权限、读外存权限和写外存权限都被授权了
                    //则弹出菜单项
                    showPopupMenu(ivAvatar);
                } else {
                    //如果用户不同意授权，则弹出提示信息
                    Toast.makeText(this, "本应用需要使用相机和存储权限", Toast.LENGTH_
SHORT).show();
                }
        }
    }
```

（3）如果用户允许应用程序使用权限，则弹出菜单

```
    private void showPopupMenu(ImageView ivAvatar) {
        //把弹出菜单跟 ivAvatar 关联起来
        PopupMenu popupMenu = new PopupMenu(this, ivAvatar);
        //把 popmenu.xml 文件转化为弹出菜单
        popupMenu.getMenuInflater().inflate(R.menu.popmenu, popupMenu.getMenu());
        popupMenu.show();//显示弹出菜单
        //设置弹出菜单菜单项的点击事件监听
        popupMenu.setOnMenuItemClickListener(new PopupMenu.OnMenuItemClickListener() {
            @Override
            public boolean onMenuItemClick(MenuItem item) {
                switch (item.getItemId()){
                    case R.id.camera://选择“拍照”菜单项时


                        break;
```

```
                case R.id.album: //选择“从相册中选择”菜单项时

                    break;
                case R.id.cancel://选择“取消”菜单项时
                    //使菜单消失
                    popupMenu.dismiss();
                    break;
            }
            return false;
        }
    });
}
```

（4）如果用户选择“拍照”菜单项，则启动系统自带的拍照程序

```
public boolean onMenuItemClick(MenuItem item) {
    switch (item.getItemId()){
        case R.id.camera://选择“拍照”菜单项时
            //得到的目录是：storage/emulated/0/Pictures/
            File directory = Environment.getExternalStoragePublicDirectory(Environment.
DIRECTORY_PICTURES);
            picFile = new File(directory, System.currentTimeMillis()+".jpg");
            try {
                picFile.createNewFile();//创建用于保存所拍照片的文件
            } catch (IOException e) {
                e.printStackTrace();
            }
            //使用 Intent 启动系统自带的拍照程序
            Intent intentCapture = new Intent(MediaStore.ACTION_IMAGE_CAPTURE);
            intentCapture.putExtra(MediaStore.EXTRA_OUTPUT,
Uri.fromFile(picFile));
            startActivityForResult(intentCapture, REQUEST_CAMERA);
            break;
```

通过 onActivityResult()回调，将所拍照片显示在 ImageView 中，并更新系统图库，代码如下：

```
@Override
protected void onActivityResult(int requestCode, int resultCode, @Nullable Intent
data) {
    super.onActivityResult(requestCode, resultCode, data);
    if(resultCode == RESULT_OK){
        if(requestCode == REQUEST_CAMERA){//如果是“拍照”
            ivAvatar.setImageURI(Uri.fromFile(picFile));
```

```
            //发送广播，通知图库更新
            Intent intent = new Intent(Intent.ACTION_MEDIA_SCANNER_SCAN_FILE);
            Uri uri = Uri.fromFile(picFile);
            intent.setData(uri);
            sendBroadcast(intent);
        }
```

（5）如果用户选择“从相册中选择”菜单项，则打开系统相册界面

```
    popupMenu.setOnMenuItemClickListener(new PopupMenu.OnMenuItemClickListener() {
        @Override
        public boolean onMenuItemClick(MenuItem item) {
            switch (item.getItemId()){
                case R.id.camera://选择“拍照”菜单项时
                    …
                    break;
                case R.id.album: //选择“从相册中选择”菜单项时
                    Intent intentAlbum = new Intent(Intent.ACTION_PICK,MediaStore.
Images.Media.EXTERNAL_CONTENT_URI);
                    intentAlbum.setType("image/*");
                    //打开系统相册界面
                    startActivityForResult(intentAlbum,REQUEST_ALBUM);
                    break;
```

通过 onActivityResult()回调，将用户选择的图片显示在 ImageView 中，代码如下：

```
    @Override
    protected void onActivityResult(int requestCode, int resultCode, @Nullable Intent
data) {
        super.onActivityResult(requestCode, resultCode, data);
        if(resultCode == RESULT_OK){
            if(requestCode == REQUEST_CAMERA){//如果是“拍照”
                …
            }else if(requestCode == REQUEST_ALBUM){//如果是“从相册中选择”
                Uri dataUri = data.getData();//获取传过来的图片文件的 URI
                ContentResolver contentResolver = getContentResolver();
                try {
                    //通过 URI 获得 Bitmap 对象
                    Bitmap bitmap =
    BitmapFactory.decodeStream(contentResolver.openInputStream(dataUri));
                    ivAvatar.setImageBitmap(bitmap);//把图片显示出来
                } catch (FileNotFoundException e) {
                    e.printStackTrace();
                }
```

```
            }
        }
}
```

完整代码如下：

【MainActivity.java 文件】

```
import androidx.annotation.Nullable;
import androidx.appcompat.app.AppCompatActivity;
import androidx.appcompat.widget.PopupMenu;
import androidx.core.app.ActivityCompat;
import androidx.core.content.ContextCompat;

import android.Manifest;
import android.content.ContentResolver;
import android.content.Intent;
import android.content.pm.PackageManager;
import android.graphics.Bitmap;
import android.graphics.BitmapFactory;
import android.net.Uri;
import android.os.Bundle;
import android.os.Environment;
import android.os.StrictMode;
import android.provider.MediaStore;
import android.view.MenuItem;
import android.view.View;
import android.widget.ImageView;
import android.widget.Toast;

import java.io.File;
import java.io.FileNotFoundException;
import java.io.IOException;

public class MainActivity extends AppCompatActivity implements View.OnClickListener {
    private ImageView ivAvatar;
    //权限请求码
    private static final int PERMISSIONS_REQUEST = 0x001;
    //拍照请求码
    private static final int REQUEST_CAMERA = 0x002;
    //相册请求码
    private static final int REQUEST_ALBUM = 0x003;
    private File picFile = null;
```

```
        @Override
        protected void onCreate(Bundle savedInstanceState) {
            super.onCreate(savedInstanceState);
            setContentView(R.layout.activity_main);

            ivAvatar = findViewById(R.id.iv_avatar);
            ivAvatar.setOnClickListener(this);

            //检测文件URI暴露信息，避免程序出错
            //若不检测，读取相册时出现的异常是：android.os.FileUriExposedException
            StrictMode.VmPolicy.Builder builder = new StrictMode.VmPolicy.Builder();
            StrictMode.setVmPolicy(builder.build());
            builder.detectFileUriExposure();
        }

        private void requestPermission() {
            //检测相机权限和读写文件权限
            if (ContextCompat.checkSelfPermission(this, Manifest.permission.CAMERA) !=
PackageManager.PERMISSION_GRANTED
                    ||  ContextCompat.checkSelfPermission(this,  Manifest.permission.
READ_EXTERNAL_STORAGE) != PackageManager.PERMISSION_GRANTED
                    ||  ContextCompat.checkSelfPermission(this,  Manifest.permission.
WRITE_EXTERNAL_STORAGE) != PackageManager.PERMISSION_GRANTED
            ){
                //如果未授权，则请求用户授权
                ActivityCompat.requestPermissions(MainActivity.this,
                        new String[]{ Manifest.permission.CAMERA,Manifest.permission.
READ_EXTERNAL_STORAGE,Manifest.permission.WRITE_EXTERNAL_STORAGE},
                        PERMISSIONS_REQUEST);
            } else {
                //如果已经授权，则弹出菜单项
                showPopupMenu(ivAvatar);
            }
        }

        //用户对授权请求做出反馈后，回调该方法
        @Override
        public void onRequestPermissionsResult(int requestCode, String permissions[],
int[] grantResults) {
            switch (requestCode) {
```

```
            case PERMISSIONS_REQUEST:
                if (grantResults.length == 3
                        && grantResults[0] == PackageManager.PERMISSION_GRANTED
                        && grantResults[1] == PackageManager.PERMISSION_GRANTED
                        && grantResults[2] == PackageManager.PERMISSION_GRANTED) {
                        //如果相机权限、读外存权限和写外存权限都被授权了
                        //则弹出菜单项
                        showPopupMenu(ivAvatar);

                } else {
                         //如果用户不同意授权，则弹出提示信息
                        Toast.makeText(this, "本应用需要使用相机和存储权限", Toast.
LENGTH_SHORT).show();
                }
            }
        }

        @Override
        public void onClick(View v) {
            //请求相机权限和存储权限
            requestPermission();
        }

        private void showPopupMenu(ImageView ivAvatar) {
            //把弹出菜单跟 ivAvatar 关联起来
            PopupMenu popupMenu = new PopupMenu(this, ivAvatar);
            //把 popmenu.xml 文件转化为弹出菜单
            popupMenu.getMenuInflater().inflate(R.menu.popmenu, popupMenu.getMenu());
            popupMenu.show();//显示弹出菜单

            //设置弹出菜单菜单项的点击事件监听
            popupMenu.setOnMenuItemClickListener(new PopupMenu.OnMenuItemClickListener() {
                @Override
                public boolean onMenuItemClick(MenuItem item) {
                    switch (item.getItemId()){
                        case R.id.camera://选择“拍照”菜单项时
                            //得到的目录是：storage/emulated/0/Pictures/
                            File directory = Environment.getExternalStoragePublicDirectory
(Environment.DIRECTORY_PICTURES);
                            picFile  =  new  File(directory,  System.currentTimeMillis()+
".jpg");
```

```
                        try {
                            picFile.createNewFile();//创建用于保存所拍照片的文件
                        } catch (IOException e) {
                            e.printStackTrace();
                        }
                        //使用 Intent 启动系统自带的拍照程序
                        Intent intentCapture = new Intent(MediaStore.ACTION_IMAGE_
CAPTURE);
                        intentCapture.putExtra(MediaStore.EXTRA_OUTPUT,  Uri.fromFile
(picFile));
                        startActivityForResult(intentCapture, REQUEST_CAMERA);
                        break;
                    case R.id.album: //选择"从相册中选择"菜单项时
                        Intent intentAlbum = new Intent(Intent.ACTION_PICK,MediaStore.
Images.Media.EXTERNAL_CONTENT_URI);
                        intentAlbum.setType("image/*");
                        //打开相册选择界面
                        startActivityForResult(intentAlbum,REQUEST_ALBUM);
                        break;
                    case R.id.cancel://选择"取消"菜单项时
                        //菜单消失
                        popupMenu.dismiss();
                        break;
                }
                return false;
            }
        });
    }

    @Override
    protected void onActivityResult(int requestCode, int resultCode, @Nullable
Intent data) {
        super.onActivityResult(requestCode, resultCode, data);
        if(resultCode == RESULT_OK){
            if(requestCode == REQUEST_CAMERA){//如果是"拍照"
                ivAvatar.setImageURI(Uri.fromFile(picFile));
                //发送广播，通知图库更新
                Intent intent = new Intent(Intent.ACTION_MEDIA_SCANNER_SCAN_FILE);
                Uri uri = Uri.fromFile(picFile);
                intent.setData(uri);
                sendBroadcast(intent);
```

```
            }else if(requestCode == REQUEST_ALBUM){//如果是“从相册中选择”
                //获取传过来的图片文件的URI
                Uri dataUri = data.getData();
                ContentResolver contentResolver = getContentResolver();
                try {
                    //通过URI得到Bitmap对象
                    Bitmap  bitmap  =  BitmapFactory.decodeStream(contentResolver.
openInputStream(dataUri));
                    ivAvatar.setImageBitmap(bitmap);//把图片显示出来
                } catch (FileNotFoundException e) {
                    e.printStackTrace();
                }
            }
        }
    }
}
```

（五）知识拓展

上文中，我们采用StrictMode.VmPolicy.Builder的detectFileUriExposure()方法启用文件曝光检查，避免程序出错。下面，我们介绍另一种出现android.os.FileUriExposedException异常时的解决方法。

1. 在AndroidManifest.xml 清单文件的application节点中加入provider

```
<provider
    android:name="androidx.core.content.FileProvider"
    android:authorities="com.example.chapter02.demo05.fileProvider"
    android:exported="false"
    android:grantUriPermissions="true">
    <meta-data
        android:name="android.support.FILE_PROVIDER_PATHS"
        android:resource="@xml/provider_path"></meta-data>
</provider>
```

- authorities：一个标识，在当前系统内必须是唯一值，一般以包名开头。
- exported：表示该 FileProvider 是否需要公开，设置为false表示不公开，设置为true则会报安全异常。
- grantUriPermissions：是否允许授权文件的临时访问权限设置为 true 表示允许，设置为false表示不允许。
- @xml/provider_path：所指定的文件用来配置哪些路径可以通过FileProvider访问。

2. 创建XML文件

在res目录下新建一个XML文件夹，在该文件夹下创建一个XML文件。文件名要与清单文件的android:resource中规定的名字相同，这里是provider_path.xml。

【provider_path.xml 文件】

```
<?xml version="1.0" encoding="utf-8"?>
<paths xmlns:android="http://schemas.andr*.com/apk/res/android">
    <external-cache-path
        name="external_cache_path"
        path="."/>
</paths>
```

- external-cache-path 表示外部存储卡根目录下的 App 缓存目录，对应 Context Compat. getExternalCacheDirs()获取到的目录，即/storage/emulated/0/Android/data/<package_name>/cache 目录。
- name 属性相当于路径的别名，通过 name 属性可以获取对应的路径。

3. 修改 Java 代码

出错代码块如下：

```
Intent intentCapture = new Intent(MediaStore.ACTION_IMAGE_CAPTURE);
intentCapture.putExtra(MediaStore.EXTRA_OUTPUT, Uri.fromFile(picFile));
startActivityForResult(intentCapture, REQUEST_CAMERA); //打开系统自带的拍照界面
```

将出错代码块修改如下：

```
Intent intentCapture = new Intent(MediaStore.ACTION_IMAGE_CAPTURE);
//将 URI 获取的方式改为 FileProvider 的方式
fileUri = FileProvider.getUriForFile(MainActivity.this, "com.example.chapter05.
demo05.fileProvider",picFile);
//通过 URI 指定拍照的输出地址，系统就会根据提供的地址保存照片
intentCapture.putExtra(MediaStore.EXTRA_OUTPUT,fileUri);
startActivityForResult(intentCapture, REQUEST_CAMERA); //打开系统自带的拍照界面
```

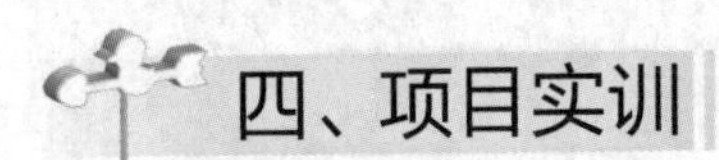

四、项目实训

（一）实训目的

掌握逐帧动画的制作方法。

（二）实训内容

1. 利用 XML 文件设置动画。
2. 使用纯 Java 代码实现动画。

（三）问题引导

完成本实训任务需要解决的主要问题有如何在 XML 文件中指定图像的播放顺序，如何在 Java 代码中指定图像的播放顺序。

（四）实训步骤

① 把准备好的图片复制到 drawable 文件夹，如图 2-9 所示。

② 在布局中放置两个按钮，一个用来播放动画，另一个用来停止播放动画。放置一个ImageView来显示动画，删除ImageView的srcCompat属性，布局界面效果如图2-10所示。

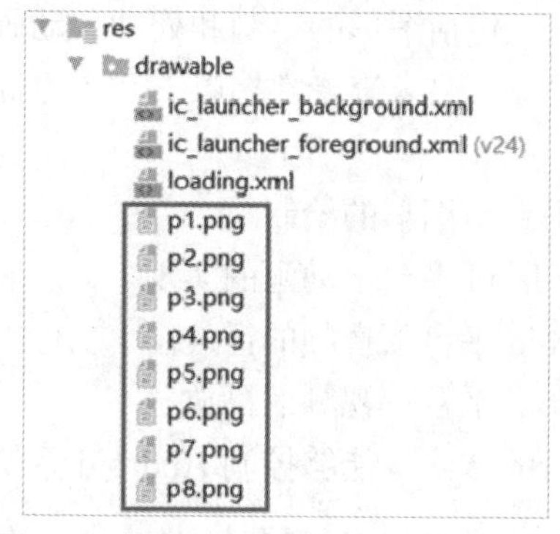

图 2-9　把图片复制到 drawable 文件夹

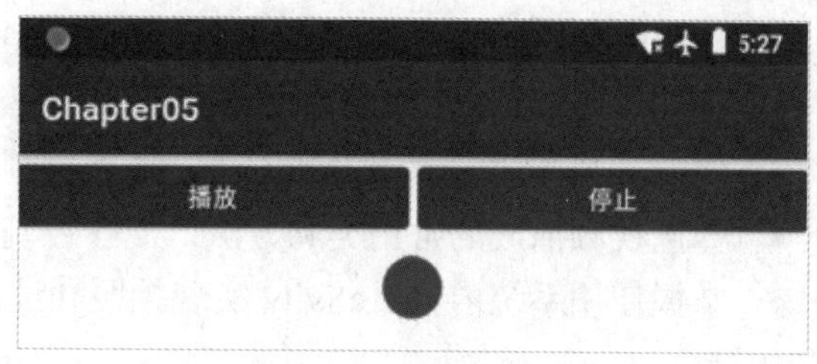

图 2-10　布局界面效果

③ 利用XML文件设置动画。

④ 不使用XML文件，而使用纯Java代码实现动画。

（五）实训报告要求

按照以下格式完成实训报告。

Android 项目实训报告			
学号		姓名	
项目名称			
实训过程	要求写出实训步骤，并贴出步骤中的关键代码截图如填不下，可加附页		
遇到的问题及解决办法	问题 1： 描述遇到的问题 解决办法： 描述解决的办法 问题 2： 描述遇到的问题 解决办法： 描述解决的办法 …… 如填写不下，可加附页		

五、项目总结

本项目主要介绍了 Android 多媒体技术的相关知识，包括图形的绘制和处理、动画的实现、音视频的播放，以及对 Android 系统相机的使用等。要求读者掌握以下几个方面的知识和技能。

- 掌握图形绘制的常用类和方法，掌握 Android 平台下图形的绘制。
- 理解属性动画和逐帧动画的实现原理，掌握 Android 平台下动画的实现。
- 掌握音频播放的常用类和方法，能够控制 Android 平台下音频的播放。
- 掌握视频播放的常用类和方法，能够控制 Android 平台下视频的播放。
- 掌握使用系统内置 Activity 实现拍照和读取相册的方法，能够控制 Android 系统相机和相册。

六、课后练习

（一）选择题

1. 下面的代码描述的是透明度动画，哪个选项的说明是正确的？（　　）

```
<alpha
        android:repeatMode="restart"
        android:repeatCount="infinite"
        android:duration="1000"
        android:fromAlpha="0.0"
        android:toAlpha="1.0"/>
```

A. 动画从透明变化到不透明　　B. 动画从不透明变化到透明

C. 动画持续时间为 1 000s　　D. 动画重播时从最后一帧开始播放

2. Android 中使用 Canvas 类中的（　　）方法可以绘制椭圆。

A. drawRect()　　B. drawOval()

C. drawCircle()　　D. drawLine()

3. 播放视频时，MediaPlayer 需要与（　　）配合使用。

A. VideoView　　B. Matrix　　C. SoundPool　　D. SurfaceView

4. 以下哪种方法能用来判断音/视频是否正在播放？（　　）

A. start()　　B. pause()　　C. isPlaying()　　D. stop()

（二）填空题

1. 绘图时用来设置画笔颜色的是________________类（填写类名）。

2. 从指定位置开始播放音频需要调用 MediaPlayer 的____________方法（填写方法名）。

3. 在 Android 中，提供了 4 种属性动画，分别是透明度动画、缩放动画、平移动画、____________动画。

（三）判断题

1. 逐帧动画通过顺序播放排列好的图片来实现动画效果。（　　）

2. Android 中开发音乐播放器可以使用 MediaPlayer，开发视频播放器只能用 VideoView。(   )

3. SoundPool 适合在应用程序中播放按键音或者消息提示音等短促的多个音频。(   )

（四）简答题

请简述使用系统相机拍照的流程。

（五）编程题

编写一个使用 SurfaceView 播放视频的程序，显示一个按钮，按钮的文字随着视频的播放和暂停，在“播放”和“暂停”之间切换。

项目 3 定位与地图服务开发

本项目通过显示基础地图、在地图上实现定位、实现地址解析和逆地址解析等任务来帮助读者理解定位与地图服务的相关内容，重点了解：Android 系统下 GPS 的核心 API 和腾讯位置服务地图 SDK 的使用，包括根据 GPS 在地图上定位、地址解析和逆地址解析。

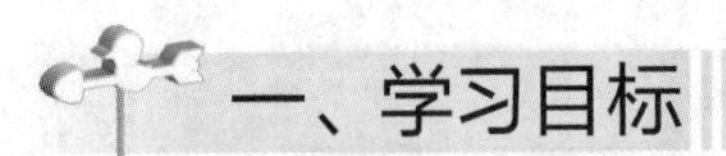

一、学习目标

（一）知识目标

1. 能够熟悉 Android 系统下 GPS 的核心 API。
2. 能够熟悉腾讯位置服务地图 SDK 的使用。

（二）技能目标

1. 能够获取定位信息，通过模拟器发送 GPS 信息。
2. 能够整合地图服务，根据 GPS 在地图上定位。
3. 能够进行地址解析和逆地址解析。

（三）素质目标

培养读者学习和使用第三方 SDK 的能力。

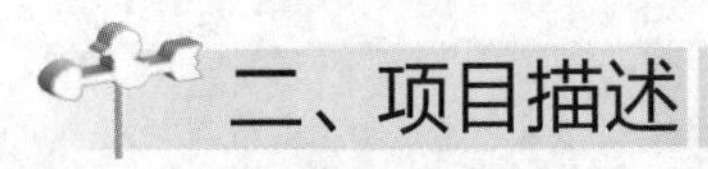

二、项目描述

定位与地图服务的应用非常广泛，在行人导航、地标个性化、相片坐标等服务中都需要用到。本项目由 3 个任务构成，分别是显示基础地图、在地图上实现定位、实现地址解析和逆地址解析。

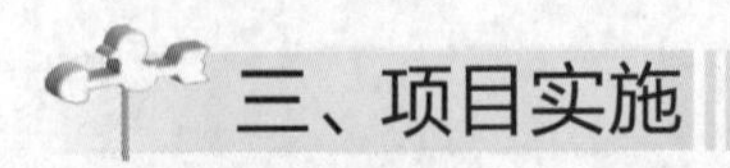

三、项目实施

任务 1 显示基础地图

基础地图显示

（一）任务描述

利用腾讯提供的位置服务在界面上显示基础地图，如图 3-1 所示。

图 3-1 显示基础地图

（二）问题引导

腾讯位置服务是如何实现基础地图显示的呢？腾讯位置服务地图 SDK 是一套基于 Android 4.1 及以上版本的多种地理位置服务的应用程序接口。通过调用该接口，可以轻松访问腾讯地图服务和数据，构建功能丰富、交互性强、契合各种行业场景的地图类应用程序；也可以在自己的 Android 应用中加入地图相关的功能，包括地图展示、标注、绘制图形等。

（三）知识准备

1. 普通地图视图的创建

在应用工程中新建一个 Activity 文件，在 onCreate()方法中创建地图，代码如下：

```
MapView mapView = new MapView(context);
parentView.addView(mapView);
```

2. 地图生命周期的绑定

创建地图视图之后，需要跟应用绑定生命周期，以保障地图在应用的不同生命周期中，能够正确地处理显示和刷新逻辑。应用生命周期与地图生命周期的对应关系见表 3-1。

表 3-1 应用生命周期与地图生命周期的对应关系

应用生命周期	地图生命周期
onStart()	onStart()
onResume()	onResume()
onPause()	onPause()
onStop()	onStop()
onDestroy()	onDestroy()

（四）任务实施

下面以腾讯地图为例，介绍如何显示图 3-1 所示的基础地图。

1. 获取 key

想要使用腾讯位置服务地图 SDK，必须先到腾讯位置服务网站申请一个开发者账号，然后利用账号获取 API Key。

① 进入控制台左侧应用管理→我的应用，创建新密钥，如图 3-2 所示。

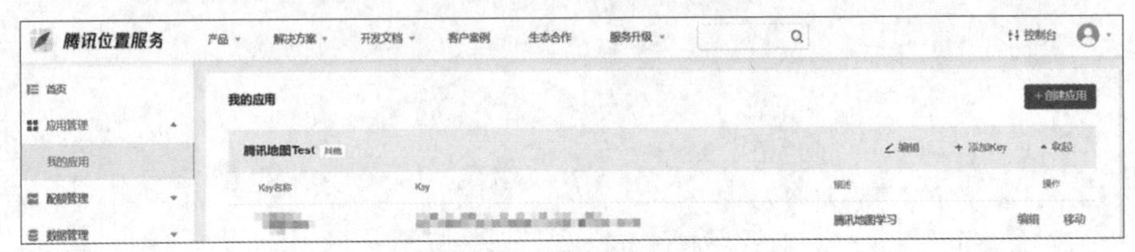

图 3-2　创建新密钥

② 单击“创建应用”按钮，设置应用名称和应用类型，如图 3-3 所示。然后单击“创建”按钮创建应用。

③ 单击“添加 Key”按钮，填写 Key 名称、描述、阅读并同意使用条款等应用信息，如图 3-4 所示。

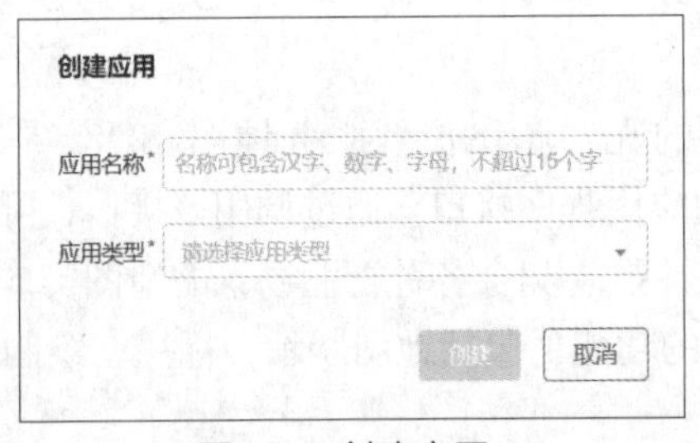

图 3-3　创建应用

图 3-4　添加 Key

④ 勾选“SDK”复选框，在红框处填写包名，如图 3-5 所示。

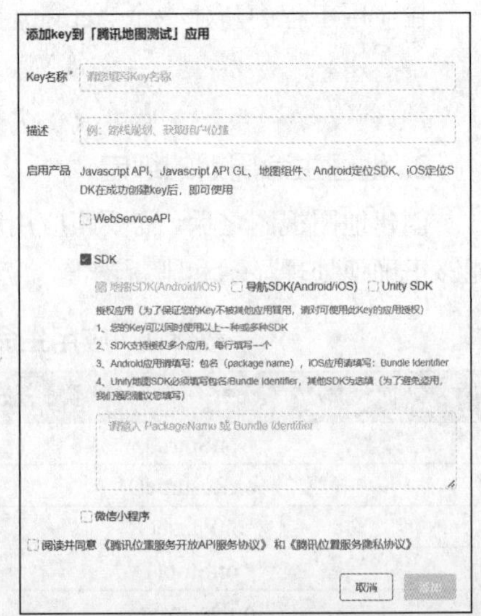

图 3-5　勾选“SDK”复选框并填写包名

2. 在项目中集成 SDK

① 在 Project 的 build.gradle 文件中配置 repositories，添加 maven 或 jcenter 仓库地址。Android Studio 默认会在 Project 的 build.gradle 为所有 module 自动添加 jcenter 仓库地址，如果已存在，则不需要重复添加。示例代码如下：

```
buildscript {
    repositories {
        google()
        jcenter()
        mavenCentral()
    }
    dependencies {
```

```
        classpath "com.android.tools.build:gradle:4.1.1"
    }
}
allprojects {
    repositories {
        google()
        jcenter()
        mavenCentral()
    }
}
```

② 在主工程 app module 的 build.gradle 文件中配置 dependencies。若需引入指定版本 SDK（所有 SDK 版本号与官网发版一致），则在 app module 的 build.gradle 中修改 maven 仓库版本号。示例代码如下：

```
dependencies {
    // 地图库
    implementation 'com.tencent.map:tencent-map-vector-sdk:4.4.1'
}
```

3. 在 AndroidManifest.xml 的 application 标签中配置 key

在 AndroidManifest.xml 文件的 application 标签里，添加名称为 TencentMapSDK 的 meta，value 值是步骤 1 中申请的 Key，代码如下：

```
<application
    <meta-data
        android:name="TencentMapSDK"
        android:value="申请的 Key"/>
</application>
```

4. 在 AndroidManifest.xml 中添加权限配置

地图 SDK 需要使用网络和访问硬件存储等系统权限，在 AndroidManifest.xml 文件中添加相关权限的代码，示例如下：

```
<!-- 通过 GPS 得到精确位置 -->
<uses-permission android:name="android.permission.ACCESS_FINE_LOCATION" />
<!-- 通过网络得到粗略位置 -->
<uses-permission android:name="android.permission.ACCESS_COARSE_LOCATION" />
<!-- 访问网络，某些位置信息需要从网络服务器获取 -->
<uses-permission android:name="android.permission.INTERNET" />
<!-- 访问 WiFi 状态，需要 WiFi 信息用于网络定位 -->
<uses-permission android:name="android.permission.ACCESS_WIFI_STATE" />
<!-- 修改 WiFi 状态，发起 WiFi 扫描，需要 WiFi 信息用于网络定位 -->
<uses-permission android:name="android.permission.CHANGE_WIFI_STATE" />
<!-- 访问网络状态，检测网络的可用性，需要网络运营商相关信息用于网络定位 -->
<uses-permission android:name="android.permission.ACCESS_NETWORK_STATE" />
```

```
<!-- 访问网络的变化，需要某些信息用于网络定位 -->
<uses-permission android:name="android.permission.CHANGE_NETWORK_STATE" />
<!-- 访问手机当前状态，需要某些信息用于网络定位 -->
<uses-permission android:name="android.permission.READ_PHONE_STATE" />
```

5. 显示基础地图

（1）在局部文件中添加腾讯地图组件

```
<?xml version="1.0" encoding="utf-8"?>
<androidx.constraintlayout.widget.ConstraintLayout
xmlns:android="http://schemas.andr*.com/apk/res/android"
    xmlns:app="http://schemas.andr*.com/apk/res-auto"
    xmlns:tools="http://schemas.andr*.com/tools"
    android:layout_width="match_parent"
    android:layout_height="match_parent"
    tools:context=".ui.activity.TencentMapActivity">
    <androidx.appcompat.widget.LinearLayoutCompat
        android:layout_width="match_parent"
        android:layout_height="match_parent">
        <com.tencent.tencentmap.mapsdk.maps.MapView
            android:id="@+id/tencent_mapview"
            android:layout_width="match_parent"
            android:layout_height="match_parent" />
    </androidx.appcompat.widget.LinearLayoutCompat>

</androidx.constraintlayout.widget.ConstraintLayout>
```

（2）在 TencentMapActivity.java 中管理地图的生命周期

创建地图视图之后，重写 onStart()等 6 个生命周期方法以管理地图的生命周期，保障地图在应用的不同生命周期中，能够正确地处理显示和刷新逻辑。

【TencentMapActivity.java 文件】

```
…//省略导入包
public class TencentMapActivity extends AppCompatActivity {
    private MapView mapView;

    @Override
    protected void onStart() {
        super.onStart();
        mapView.onStart();//管理地图的生命周期
    }
    @Override
    protected void onResume() {
        super.onResume();
        mapView.onResume();//管理地图的生命周期
    }
```

```
    @Override
    protected void onPause() {
        super.onPause();
        mapView.onPause();//管理地图的生命周期
    }
    @Override
    protected void onStop() {
        super.onStop();
        mapView.onStop();//管理地图的生命周期
    }
    @Override
    protected void onRestart() {
        super.onRestart();
        mapView.onRestart();//管理地图的生命周期
    }
    @Override
    protected void onDestroy() {
        super.onDestroy();
        mapView.onDestroy();//管理地图的生命周期
    }
}
```

（3）在 TencentMapActivity.java 中获取地图实例

【TencentMapActivity.java 文件】

```
…//省略导入包
public class TencentMapActivity extends AppCompatActivity {
    private MapView mapView;
    protected TencentMap tencentMap;
    @Override
    protected void onCreate(Bundle savedInstanceState) {
        super.onCreate(savedInstanceState);
        setContentView(R.layout.activity_tencent_map);

        mapView = findViewById(R.id.tencent_mapview);
        // 获取地图实例
        tencentMap = mapView.getMap();
    }
    …
}
```

（五）知识拓展

1. 地图白屏

常见的白屏原因是地图被正常绘制渲染而内部资源没有被正常加载，开发者应检查一下网络、权限、存储是否正常。

2. 地图黑屏

黑屏情况主要的可能原因是地图没有被正常绘制渲染，此时请检查一下地图视图与应用有没有正常绑定各个生命周期方法。

任务 2 在地图上实现定位

（一）任务描述

通过模拟器发送经度和纬度，整合地图服务，根据经纬度在地图上实现定位，如图 3-6 所示。

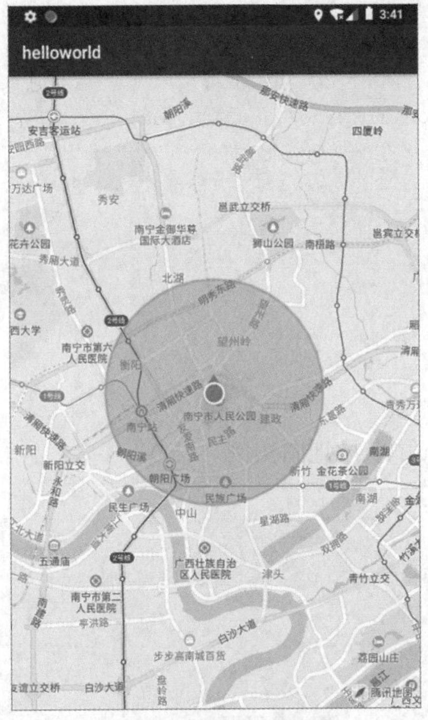

图 3-6 地图定位效果图

（二）问题引导

GPS 定位应用非常广泛，随着航天科技的飞速发展，GPS 定位系统可实现的功能越来越多，本任务我们将解决如何利用腾讯位置服务提供的 API 实现 GPS 定位的问题。

（三）知识准备

定位分为 GPS 定位、基站定位和 WiFi 定位这 3 种方式。GPS 定位精度高，但定位精度与环境有关，室内不好用，且耗电量大；基站定位精度较低，功耗大，但不受环境影响，不需要开启 WiFi；WiFi 定位精度一般不受使用环境影响，但需要开启 WiFi。

1. Android 中 GPS 的核心 API

（1）LocationManager 类

所有 GPS 定位相关的服务、对象都由该类产生。

该类提供的常用方法见表 3-2。

表 3-2 LocationManager 类的常用方法

方法名	说明
addGpsStatusListener()	添加一个监听 GPS 状态的监听器
addProximityAlert()	添加一个临近警告
getAllProviders()	获取所有的 LocationProvider 列表
getBestProvider()	根据制定条件返回最优的 LocationProvider 对象
getGpsStatus()	获取 GPS 状态
getLastKnownLocation()	根据 LocationProvider 获取最近一次已知的 Location
getProvider()	根据名称来获取 LocationProvider
getProviders(,)	根据制定条件获取满足条件的全部 LocationProvider 的名称
getProviders(boolean enabledOnly) ()	获取所有可用的 LocationProvider
isProviderEnabled()	判断制定名称的 LocationProvider 是否可用
removeGpsStatusListener()	删除 GPS 状态监听器
removeProximityAlert()	删除一个临近警告
requestLocationUpdates(参数 1)	该方法有一个 PendingIntent 参数 通过指定的 LocationProvider 周期性获取定位信息，并通过 intent 启动相应的组件
requestLocationUpdates(参数 2)	该方法有一个 LocationListener 参数 通过指定的 LocationProvider 周期性获取定位信息，并触发 listener 对应的触发器

（2）LocationProvider 类

通过该类可以获取位置提供商的相关信息。

该类提供的常用方法见表 3-3。

表 3-3 LocationProvider 类的常用方法

方法名	说明
getName()	返回该 LocationProvider 的名称
getAccuracy()	返回该 LocationProvider 的精度
getPowerRequirement()	返回该 LocationProvider 的电源需求
hasMonetaryCost()	判断该 LocationProvider 是收费还是免费
meetsCriteria()	判断该 LocationProvider 是否满足 Criteria 条件
requiresCell()	判断该 LocationProvider 是否需要访问网络基站
requiresNetword()	判断该 LocationProvider 是否需要网络数据
requiresStatellite()	判断该 LocationProvider 是否需要访问卫星的定位系统
supportsAltitude()	判断该 LocationProvider 是否支持高度信息
supportsBearing()	判断该 LocationProvider 是否支持方向信息
supportsSpeed()	判断该 LocationProvider 是否支持速度信息

（3）Location 类

通过该类可以获取定位的相关信息。

该类提供的常用方法见表 3-4。

表 3-4　Location 类的常用方法

方法名	说明
getAccuracy()	获取定位信息的精度
getAltitude()	获取定位信息的高度
getBearing()	获取定位信息的方向
getLatitude()	获取定位信息的纬度
getLongitude()	获取定位信息的经度
getProvider()	获取提供该定位信息的 LocationProvider
getSpeed()	获取定位信息的速度
hasAccuracy()	判断定位信息是否有精度信息
hasAltitude()	判断定位信息是否有高度信息
hasBearing()	判断定位信息是否有方向信息
hasSpeed()	判断定位信息是否有速度信息

2. 获取 GPS 信息的步骤

（1）获取 LocationManager 对象

通过调用 Context.getSystemService()方法可以获取实例对象，代码如下：

```
LocationManager locationManager =(LocationManager)
getActivity().getSystemService(Context.LOCATION_SERVICE);
```

（2）获取 LocationProvider

LocationProvider 通常有 3 个：LocationManager.PASSIVE_PROVIDER、LocationManager.GPS_PROVIDER、LocationManager.NETWORK_PROVIDER。获取基于 GPS 的 LocationProvider 的代码如下：

```
//获取基于 GPS 的 LocationProvider
LocationProvider gpsProvider = lm.getProvider(LocationManager.GPS_PROVIDER);
```

（3）获取定位信息

```
//从 GPS 获取最近的定位信息
Location location = lm.getLastKnownLocation(LocationManager.GPS_PROVIDER);

//每 1s 获取一次 GPS 的定位信息
locationManager.requestLocationUpdates
(LocationManager.GPS_PROVIDER, 1000, 8, new LocationListener() {
            @Override
            public void onStatusChanged(String provider, int status,
 Bundle extras) {
```

```
            }
            @Override
            public void onProviderEnabled(String provider) {
            }
            @Override
            public void onProviderDisabled(String provider) {
            }
            @Override
            public void onLocationChanged(Location location) {
                    //GPS 定位信息发生改变时，更新位置
            }
    });
```

3. 腾讯地图定位分为单次定位和连续定位

单次定位是指发起一次定位请求只返回一次定位结果。单次定位一般只会返回网络定位信息，这是因为手机的 GPS 模块获取定位信息通常要晚于网络定位。单次定位不需要配置 TencentLocationRequest，默认 requestLevel 是 REQUEST_LEVEL_NAME，且不需要主动调用停止定位。

连续定位是指发起一次定位请求后，位置服务将按照用户指定的周期，周期性地返回定位结果。这种定位方式是最常见的一种定位方式。

4. 腾讯地图实现定位的常用接口介绍

（1）接口 TencentLocationListener

该接口有两个方法，分别是 onLocationChanged()和 onStatusUpdate()。onLocationChanged()用于接收定位结果，通过该方法的第 1 个参数 tencentLocation 能获得位置的信息；onStatusUpdate()用于接收 GPS、WiFi、Cell 状态码。

（2）接口 LocationSource

该接口有两个方法，分别是 activate()和 deactivate()。activate()用于设置位置变化回调接口；deactivate()用于取消位置变化回调接口。

（四）任务实施

下面以腾讯地图的连续定位为例介绍定位的实现过程。

连续定位一般有 5 个步骤。

1. 获取 TencentLocationManager 实例

首次获取实例会进行初始化操作，可能会耗费一定的时间，因此可以尽可能提前初始化时机，代码如下：

```
mLocationManager = TencentLocationManager.getInstance(this);
```

this 是 Context。由于 TencentLocationManager 是单例，为避免出现内存泄漏，建议使用 ApplicationContext 作为参数。

2. 创建位置监听器 TencentLocationListener

TencentLocationListener 接口代表位置监听器，App 通过位置监听器接收定位 SDK 的位置变化通知。创建位置监听器非常简单，只需实现 TencentLocationListener 接口，代码如下：

```
public class MyActivity extends Activity implements TencentLocationListener {
    …
    @Override
    public void onLocationChanged(TencentLocation location, int error, String reason) {
        // 做好你的工作
    }
    @Override
    public void onStatusUpdate(String name, int status, String desc) {
        // 做好你的工作
    }
}
```

代码中 onLocationChanged()用于接收定位结果，onStatusUpdate()用于接收 GPS、WiFi、Cell 状态码。

3. 构造 TencentLocationRequest

TencentLocationRequest 类代表定位请求，App 通过向定位 SDK 发送定位请求来启动定位。通常只需获取 TencentLocationRequest 实例即可，代码如下：

```
TencentLocationRequest request = TencentLocationRequest.create()
```

以上得到的是一个默认的定位请求，默认的定位请求参数见表 3-5。

表 3-5 默认的定位请求参数

参数	参数值
定位周期(位置监听器回调周期)	10s
Request Level	REQUEST_LEVEL_NAME
是否允许 GPS	true
是否需要获取传感器方向	false
是否需要开启室内定位	false

开发者也可以对各个参数进行设置，TencentLocationRequest 主要方法及说明见表 3-6。

表 3-6 TencentLocationRequest 的主要方法及说明

方法名	方法的作用
request.setInterval(10000)	自定义定位周期，不得小于 1000ms
request. setRequestLevel(TencentLocationRequest. REQUEST_LEVEL_ADMIN_AREA)	设置请求级别
request.setAllowGPS(true)	是否允许使用 GPS
request. setAllowDirection(true)	是否运行获取传感器方向
request.setIndoorLocationMode(true)	是否需要开启室内定位

4. 发起连续定位请求

```
mLocationManager.requestLocationUpdates(request, this);
```

也可以由用户自行决定定位结果回调线程：

```
mLocationManager.requestLocationUpdates(request, this, Looper. getMainLooper());
```

this 代表 TencentLocationListener 的实现类。

5. 停止定位

```
mLocationManager.removeUpdates(this);
```

this 代表 TencentLocationListener 的实现类。

完整代码如下：

【TencentMapActivity.java 文件】

```
…//省略导入包
public class TencentMapActivity extends BaseActivity implements TencentLocation
Listener, LocationSource {
    private MapView mapView;
    protected TencentMap mTencentMap;
    private TencentLocationManager mLocationManager;
    private TencentLocationRequest mLocationRequest;
    private LocationSource.OnLocationChangedListener  mChangedListener;
    private Location mLocation;

    @Override
    protected void onCreate(Bundle savedInstanceState) {
        super.onCreate(savedInstanceState);
        setContentView(R.layout.activity_tencent_map);

        mapView = findViewById(R.id.tencent_mapview);
        // 获取地图实例
        mTencentMap = mapView.getMap();

        //检测权限
        checkPermissions();
    }

    //检测权限
    private void checkPermissions() {
        if (Build.VERSION.SDK_INT >= 23) {
            String[] permissions = {
                    Manifest.permission.ACCESS_FINE_LOCATION,
                    Manifest.permission.ACCESS_COARSE_LOCATION,
            };
            if (checkSelfPermission(permissions[0]) == PackageManager.PERMISSION_
```

```
GRANTED &&
                checkSelfPermission(permissions[1]) == PackageManager.PERMISSION_
GRANTED) {
                // 如果用户已经授权，开始定位
                location();
            }
            if (checkSelfPermission(permissions[0]) != PackageManager.PERMISSION_
GRANTED ||
                checkSelfPermission(permissions[1]) != PackageManager.PERMISSION_
GRANTED) {
                requestPermissions(permissions, 0);
            }
        }
    }

    @Override
    public void onRequestPermissionsResult(int requestCode, String[] permissions,
int[] grantResults) {
        super.onRequestPermissionsResult(requestCode, permissions, grantResults);

        if (grantResults[0] == PermissionChecker.PERMISSION_GRANTED &&
                grantResults[1] == PermissionChecker.PERMISSION_GRANTED) {
            // 如果授权成功，开始定位
            location();
        }
    }

    private void location() {
        mLocation = getLocation(this);
        mLocationManager = TencentLocationManager.getInstance(this);
        //在地图上设置定位数据源
        tencentMap.setLocationSource(this);
        //设置当前位置可见
        tencentMap.setMyLocationEnabled(true);
        //创建定位请求
        mLocationRequest = TencentLocationRequest.create()
                .setInterval(1000) // 定位周期 (ms)
                .setRequestLevel(TencentLocationRequest.REQUEST_LEVEL_POI) // 定位要求
                .setAllowGPS(true); // 是否使用 GPS
        //发送定位请求，启动定位
        mLocationManager.requestLocationUpdates(mLocationRequest, this);
    }
```

```
        //返回当前位置
        private Location getLocation(Context context) {
            LocationManager locMan = (LocationManager) context.getSystemService(Context.
LOCATION_SERVICE);
            if (ActivityCompat.checkSelfPermission(this, Manifest.permission.ACCESS_
FINE_LOCATION) ==
                    PackageManager.PERMISSION_GRANTED &&
                    ActivityCompat.checkSelfPermission(this, Manifest.permission.ACCESS_
COARSE_LOCATION) ==
                    PackageManager.PERMISSION_GRANTED) {
                Location location = locMan.getLastKnownLocation(LocationManager.GPS_
PROVIDER);
                if (location == null) {
                    location  =  locMan.getLastKnownLocation(LocationManager.NETWORK_
PROVIDER);
                }
                return location;
            }
            return null;
        }

        //创建地图视图之后，需要跟应用绑定生命周期，以保障地图在应用的不同生命周期中，能够正确地处理显示
和刷新逻辑
        @Override
        protected void onStart() {
            super.onStart();
            mapView.onStart();//管理地图的生命周期
        }
        @Override
        protected void onResume() {
            super.onResume();
            mapView.onResume();//管理地图的生命周期
        }
        @Override
        protected void onPause() {
            super.onPause();
            mapView.onPause();//管理地图的生命周期
        }
        @Override
        protected void onStop() {
            super.onStop();
```

```
        mapView.onStop();//管理地图的生命周期
    }
    @Override
    protected void onRestart() {
        super.onRestart();
        mapView.onRestart();//管理地图的生命周期
    }
    @Override
    protected void onDestroy() {
        super.onDestroy();
        mapView.onDestroy();//管理地图的生命周期
    }

    //当用户开启定位点展示时，SDK 会回调这个方法
    @Override
    public void activate(OnLocationChangedListener onLocationChangedListener) {
        mChangedListener = onLocationChangedListener;//将 SDK 内部的位置监听器返回给用户
    }

    //当用户关闭定位点展示时会回调这个方法
    @Override
    public void deactivate() {
        //当不需要展示定位点时，停止定位并释放相关资源
        mLocationManager.removeUpdates(this);
        mLocationManager = null;
        mLocationRequest = null;
        mChangedListener = null;
    }

    //定位开启后，根据设定的定位周期回调
    @Override
    public void onLocationChanged(TencentLocation tencentLocation, int i, String s) {
        if (i == TencentLocation.ERROR_OK && mChangedListener != null) {
            //Location location = new Location(tencentLocation.getProvider());
            Location location = new Location(tencentLocation.getProvider());
            //获取当前位置
            mLocation = getLocation(this);
            //设置经纬度
            location.setLatitude(mLocation.getLatitude());
            location.setLongitude(mLocation.getLongitude());
            //设置精度，这个值会被设置为定位点上表示精度的圆形半径
            location.setAccuracy(tencentLocation.getAccuracy());
```

```
            //设置定位标的旋转角度，注意 tencentLocation.getBearing()得到的是 GPS 返回的方向信息，只有在开启 GPS 时才有可能获取
            location.setBearing((float) tencentLocation.getBearing());
            //将位置信息返回给地图
            mChangedListener.onLocationChanged(location);
        }
    }

    @Override
    public void onStatusUpdate(String s, int i, String s1) {

    }
}
```

把 App 安装在模拟器上后，通过菜单命令 View→Tool Windows→Terminal 打开 Terminal 终端，输入"adb emu geo fix 纬度经度"后按回车键，即可把经纬度发送给模拟器，如图 3-7 所示。

```
D:\AndroidStudioProjects\helloworld2>adb emu geo fix 108.33 22.84
OK

D:\AndroidStudioProjects\helloworld2>adb emu geo fix 108.33 22.83
OK

D:\AndroidStudioProjects\helloworld2>adb emu geo fix 108.33 22.835
OK
```

图 3-7　发送经纬度到模拟器

（五）知识拓展

腾讯地图单次定位一般有 3 个步骤。

1. 获取 TencentLocationManager 实例

```
mLocationManager = TencentLocationManager.getInstance(this);
```

2. 创建位置监听器 TencentLocationListener

TencentLocationListener 接口代表位置监听器，App 通过位置监听器接收定位 SDK 的位置变化通知。创建位置监听器非常简单，只需实现 TencentLocationListener 接口，代码如下：

```
public class MyActivity extends Activity implements TencentLocationListener {
    …
    @Override
    public void onLocationChanged(TencentLocation location, int error, String reason) {
        // 做好你的工作
    }

    @Override
    public void onStatusUpdate(String name, int status, String desc) {
        //做好你的工作
```

```
        }
    }
```

上述代码中 onLocationChanged()用于接收定位结果，onStatusUpdate()用于接收 GPS、WiFi、Cell 状态码。

3. 发起单点定位

```
mLocationManager.requestSingleFreshLocation(null,
mLocationListener, Looper.getMainLooper());
```

任务 3　实现地址解析和逆地址解析

（一）任务描述

输入地址后，点击“地址解析”按钮，能得到该地址对应的经纬度。输入经纬度后，点击“逆地址解析”按钮，能得到该经纬度对应的地址，如图 3-8 所示。

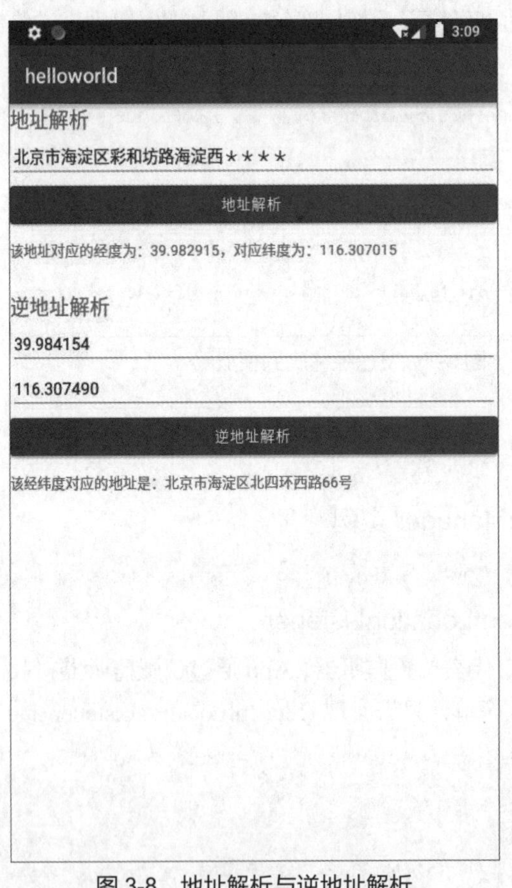

图 3-8　地址解析与逆地址解析

地址解析和逆地址解析

（二）问题引导

地址解析指的是通过地址获取对应的经纬度，逆地址解析指的是通过经纬度获取对应的地址。本任务我们将解决如何利用腾讯位置服务提供的 API 实现地址解析和逆地址解析这两个问题。

（三）知识准备

腾讯位置服务为地址解析和逆地址解析提供了接口。通过发送 GET 请求，返回 JSON 数据，数据中包含了经纬度和地址的相关信息。

1. 地址解析

① 请求 URL，格式为：https://apis.***.**.com/ws/geocoder/v1/?address=需要解析的地址&key=申请的 APIKey。

② 返回 JSON 数据，地址解析 JSON 数据结构见表 3-7。

表 3-7　地址解析 JSON 数据结构

名称	类型	说明
status	number	状态码，0 为正常，其他为异常（可关注 message 信息）
message	string	状态说明
result	object	地址解析结果，其 JSON 数据结构见表 3-7

表 3-7 中“result”的 JSON 数据结构见表 3-8。

表 3-8　“result”的 JSON 数据结构

名称	类型	说明
title	string	解析到坐标所用到的关键地址、地点
location	string	解析到的坐标（GCJ02 坐标系），其 JSON 数据结构见表 3-9
address_components	object	解析后的地址部件，其 JSON 数据结构见表 3-10
ad_info	object	行政区划信息，其 JSON 数据结构见表 3-11
similarity	number	即将下线，由 reliability 代替
deviation	number	即将下线，由 level 代替
reliability	number	可信度参考：值范围 1 <低可信> ～10 <高可信> 根据用户输入地址的准确程度，在解析过程中，将解析结果的可信度（质量）由低到高分为 1～10 级。该值≥7 时，解析结果较为准确；该值<7 时，会存在各类不可靠因素，开发者可根据自己的实际使用场景对解析质量的实际要求进行调整
level	number	解析精度级别，分为 11 个级别，一般大于或等于 9 可采用（定位到点，精度较高），也可根据实际业务需求自行调整

表 3-8 中“location”“address_components”和“ad_info”的 JSON 数据结构分别见表 3-9～表 3-11。

表 3-9　“location”的 JSON 数据结构

名称	类型	说明
lat	number	纬度
lng	number	经度

表 3-10 “address_components”的 JSON 数据结构

名称	类型	说明
province	string	省
city	string	市
district	string	区，可能为空字符串
street	string	街道，可能为空字符串
street_number	string	门牌号，可能为空字符串

表 3-11 “ad_info”的 JSON 数据结构

名称	类型	说明
adcode	string	行政区划代码

2. 逆地址解析

① 请求 URL，格式为：https://apis.***.**.com/ws/geocoder/v1/?location=纬度，经度&key=申请的 APIKey&get_poi=1。

② 返回 JSON 数据，逆地址解析 JSON 数据结构见表 3-12。

表 3-12 逆地址解析 JSON 数据结构

名称	类型	说明
status	number	状态码，0 为正常，其他为异常（可关注 message 信息）
message	string	状态说明
request_id	string	本次请求的唯一标识
result	object	逆地址解析结果，其 JSON 数据结构见表 3-13

表 3-12 中“result”的 JSON 数据结构见表 3-13。

表 3-13 “result”的 JSON 数据结构

名称	类型	说明
address	string	由行政区划+道路+门牌号等信息组成的标准格式化地址
formatted_addresses	object	结合知名地点形成的描述性地址，更具人性化特点，其 JSON 数据结构见表 3-14
address_component	object	地址部件，address 不满足需求时可自行拼接，其 JSON 数据结构见表 3-15
ad_info	object	行政区划信息，其 JSON 数据结构见表 3-16
address_reference	object	坐标相对位置参考，其 JSON 数据结构见表 3-17
poi_count	number	查询的周边地点（POI）的总数，仅在传入参数 get_poi=1 时返回
pois	array	周边地点（POI）数组，数组中每个子项为一个 POI 对象，其 JSON 数据结构见表 3-18

表 3-13 中“formatted_addresses”“address_component”“ad_info”“address_reference”和“pois”的 JSON 数据结构见表 3-14～表 3-18。

表 3-14 “formatted_addresses”的 JSON 数据结构

名称	类型	说明
Recommend	string	推荐使用的地址描述，描述精确性较高
Rough	string	粗略位置描述

表 3-15 “address_component”的 JSON 数据结构

名称	类型	说明
nation	string	国家和地区
province	string	省
city	string	市
district	string	区，可能为空字符串
street	string	街道，可能为空字符串
street_number	string	门牌号，可能为空字符串

表 3-16 “ad_info”的 JSON 数据结构

名称	类型	说明
nation_code	string	国家和地区名称代码（ISO 3166 标准 3 位字母代码）
adcode	string	行政区划代码
city_code	string	城市代码，由国家码+行政区划代码（提出城市级别）组合而来，总共为 9 位
name	string	行政区划名称
location	object	行政区划中心点坐标，其 JSON 数据结构见表 3-19
nation	string	国家和地区
province	string	省 / 直辖市
city	string	市 / 地级区 及同级行政区划
district	string	区 / 县级市 及同级行政区划

表 3-17 “address_reference”的 JSON 数据结构

名称	类型	说明
famous_area	object	知名区域，如商圈或人们普遍认为有较高知名度的区域，其 JSON 数据结构见表 3-20
business_area	object	商圈，目前与 famous_area 一致
town	object	乡镇街道，其 JSON 数据结构见表 3-20
landmark_l1	object	一级地标，可识别性较强与规模较大的地点、小区等 【注】对象结构同 famous_area

续表

名称	类型	说明
landmark_l2	object	二级地标，较一级地标更为精确，规模更小 【注】对象结构同 famous_area
street	object	街道 【注】对象结构同 famous_area
street_number	object	门牌号 【注】对象结构同 famous_area
crossroad	object	交叉路口 【注】对象结构同 famous_area
water	object	水系 【注】对象结构同 famous_area

表 3-18 “pois”的 JSON 数据结构

名称	类型	说明
id	string	地点（POI）唯一标识
title	string	名称
address	string	地址
category	string	地点分类信息
location	object	提示所述位置坐标，其 JSON 数据结构见表 3-19
ad_info	object	行政区划信息
_distance	number	该 POI 到逆地址解析传入的坐标的直线距离

表 3-16 中“location”的 JSON 数据结构见表 3-19。表 3-17 中“famous_area”和“town”的 JSON 数据结构见表 3-20。

表 3-19 “location”的 JSON 数据结构

名称	类型	说明
lat	number	纬度
lng	number	经度

表 3-20 “famous_area”和“town”的 JSON 数据结构

名称	类型	说明
id	string	地点唯一标识
title	string	名称/标题
location	object	坐标，其 JSON 数据结构见表 3-19
_distance	number	此参考位置到输入坐标的直线距离
_dir_desc	string	此参考位置到输入坐标的方位关系，如北、南、内

表 3-18 中“location”的 JSON 数据结构见表 3-19，“ad_info”的 JSON 数据结构见表 3-21。

表 3-21 "ad_info"的 JSON 数据结构

名称	类型	说明
adcode	number	行政区划代码
province	string	省
city	string	市
district	string	区

（四）任务实施

下面介绍地址解析和逆地址解析的实现过程。

1. 地址解析一般有 4 个步骤

① 获取 APIKey。

② 把 APIKey 和用户输入的地址拼接到 URL 中。

③ 通过 OkHttp 框架发送 GET 请求。

④ 对得到的 JSON 数据进行解析，获取经纬度。

2. 逆地址解析一般有 4 个步骤

① 获取 APIKey。

② 把 APIKey 和用户输入的经纬度拼接到 URL 中。

③ 通过 OkHttp 框架发送 GET 请求。

④ 对得到的 JSON 数据进行解析，获取地址。

完整代码如下：

【AddressResolution.java 文件】

```
...//省略导入包
public class AddressResolution extends AppCompatActivity {
    private EditText etAddress, etLat, etLng;
    private TextView tvResult1, tvResult2;
    private Button btnAddressResolution,btnReverseAddressResolution;
    private String APIKey = "";

    @Override
    protected void onCreate(Bundle savedInstanceState) {
        super.onCreate(savedInstanceState);
        setContentView(R.layout.activity_address_resolution);

        etAddress = findViewById(R.id.etAddress);
        etLat = findViewById(R.id.etLat);
        etLng = findViewById(R.id.etLng);
        tvResult1 = findViewById(R.id.tvResult1);
        tvResult2 = findViewById(R.id.tvResult2);
        btnAddressResolution =
  findViewById(R.id.btnAddressResolution);
```

```
            btnReverseAddressResolution =
    findViewById(R.id.btnReverseAddressResolution);

            APIKey = getAPIKey();//获取 APIKey

            //地址解析按钮点击事件
            btnAddressResolution.setOnClickListener
    (new View.OnClickListener() {
                @Override
                public void onClick(View v) {
                    String address = etAddress.getText().toString().trim();
                    String url = "https://apis.map.qq.com/ws/geocoder/v1/?address= "+address
+"&key="+APIKey;
                    //通过 OkHttp 框架发送 GET 请求
    okhttpRequest(url,1);
                }
            });

            //逆地址解析按钮点击事件
            btnReverseAddressResolution.setOnClickListener(new View.OnClickListener() {
                @Override
                public void onClick(View v) {
                    //获取经纬度
                    String latLng =
     etLat.getText().toString().trim()+","+etLng.getText().toString().trim();
                    String  url  =  "https://apis.map.qq.com/ws/geocoder/v1/?location=
"+latLng+"&key="+APIKey+"&get_poi=1";
                    //通过 OkHttp 框架发送 GET 请求
    okhttpRequest(url,2);
                }
            });
        }

        //返回腾讯地图的 APIKey
        private String getAPIKey() {
            ApplicationInfo info = null;
            try {
                info =
     this.getPackageManager().getApplicationInfo(getPackageName(),
    PackageManager.GET_META_DATA);
            } catch (PackageManager.NameNotFoundException e) {
                e.printStackTrace();
            }
            return info.metaData.getString("TencentMapSDK");
        }

        //通过 OkHttp 框架发送 GET 请求
```

```
    private void okhttpRequest(String url,int i) {
        OkHttpClient okHttpClient = new OkHttpClient();
        final Request request = new Request.Builder()
                .url(url)
                .get()
                .build();
        Call call = okHttpClient.newCall(request);
        call.enqueue(new Callback() {
            @Override
            public void onFailure(Call call, IOException e) {

            }

            @Override
            public void onResponse(Call call, Response response) throws IOException {
                //对得到的 JSON 数据进行解析
parseJson(response.body().string(),i);
            }
        });
    }

    //对得到的 JSON 数据进行解析
    private void parseJson(String string, int i) {
        try {
            JSONObject jsonObject = new JSONObject(string);
            JSONObject result = jsonObject.getJSONObject("result");
            if(i==1) {//通过地址解析出经纬度
                JSONObject location =
result.getJSONObject("location");
                String lng = location.getString("lng");
                String lat = location.getString("lat");
                runOnUiThread(new Runnable() {
                    @Override
                    public void run() {
                        tvResult1.setText("该地址对应的经度为："+lat+"，纬度为："+lng);
                    }
                });
            }else if(i==2){//通过经纬度解析出地址
                String address = result.getString("address");
                runOnUiThread(new Runnable() {
                    @Override
                    public void run() {
                        tvResult2.setText("该经纬度对应的地址是："+address);
                    }
                });
            }
```

```
            } catch (JSONException e) {
                e.printStackTrace();
            }
        }
    }
```

四、项目实训

（一）实训目的

1. 能够整合地图服务，根据 GPS 在地图上定位。
2. 能实现逆地址解析。

（二）实训内容

1. 在模拟器中发送经纬度，实现地图的实时定位，如图 3-9 所示。
2. 能根据当前的经纬度显示地址信息，如图 3-9 所示。

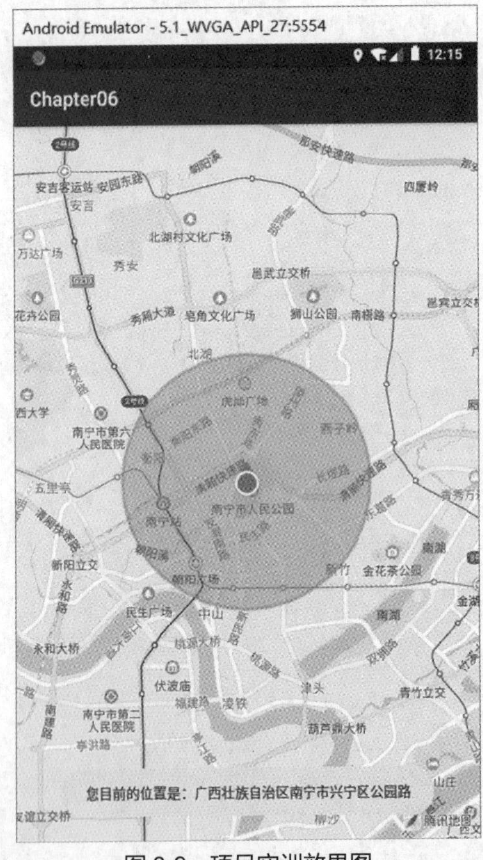

图 3-9　项目实训效果图

（三）问题引导

完成本实训任务需要解决的主要问题有：如何使用 LocationManager 类、LocationProvider 类、Location 类，以及腾讯地图的常用接口 TencentLocationListener 和 LocationSource 实现定位功能；如何发送 GET 请求；如何解析 JSON 数据。

（四）实训步骤

1. 准备工作

① 使用开发者账号申请一个 API Key 并创建应用。

② 在 build.gradle 文件中添加地图库和地图定位的依赖。

③ 在 AndroidManifest.xml 的 application 标签中配置 key。

④ 在 AndroidManifest.xml 中添加权限配置。

2. 创建地图，绑定生命周期

创建地图视图，并在创建地图视图后，跟应用绑定生命周期，以保障地图在应用的不同生命周期中，能够正确地处理显示和刷新逻辑。

3. 检测权限

检查用户是否授权允许应用使用 GPS 或者网络进行定位。如果没有授权，则需要申请。

4. 开始定位

如果授权成功，则开始定位。

5. 回调 onLocationChanged()方法

定位开启后，根据设定的定位周期回调 onLocationChanged()方法。在该方法中获取当前位置，将位置信息返回给地图，刷新地图界面。

6. 解析并显示地址信息

把获取到的当前位置的经纬度解析为对应的地址，并通过 Toast 显示出来。

7. 释放资源

当不需要展示定位点时，停止定位并释放相关资源。

（五）实训报告要求

按照以下格式完成实训报告。

Android 项目实训报告			
学号		姓名	
项目名称			
实训过程	要求写出实训步骤，并贴出步骤中的关键代码截图 如填写不下，可加附页		

续表

Android 项目实训报告	
遇到的问题及解决的办法	问题 1： 描述遇到的问题 解决办法： 描述解决的办法 问题 2： 描述遇到的问题 解决办法： 描述解决的办法 …… 如填写不下，可加附页

五、项目总结

本项目主要介绍了定位与地图服务的相关内容，包括 Android 系统下 GPS 的核心 API、腾讯位置服务地图 SDK 的使用等。要求读者掌握以下几个方面的知识和技能。

- 能够获取定位信息。
- 能够整合地图服务，根据 GPS 在地图上定位。
- 能够进行地址解析和逆地址解析。

六、课后练习

（一）选择题

1. TencentLocationListener 接口的（　　）方法用于接收定位结果。

A. onLocationChanged()　　B. onStatusUpdate()

C. activate()　　D. deactivate()

2. TencentLocationListener 接口的（　　）方法用于接收 GPS、WiFi、Cell 状态码。

A. onLocationChanged()　　B. onStatusUpdate()

C. activate()　　D. deactivate()

3. LocationSource 接口的（　　）方法用于设置位置变化回调。

A. onLocationChanged()　　B. onStatusUpdate()

C. activate()　　D. deactivate()

4. LocationSource 接口的（　　）方法用于取消位置变化回调。

A. onLocationChanged()　　B. onStatusUpdate()

C. activate()　　D. deactivate ()

（二）填空题

1. 定位分为＿＿＿＿＿＿、＿＿＿＿＿＿和＿＿＿＿＿＿这 3 种方式。

2. 获取 LocationManager 对象，需要调用 Context 的＿＿＿＿＿＿方法。

3. LocationProvider 通常有 3 个，分别是＿＿＿＿＿＿、＿＿＿＿＿＿、＿＿＿＿＿＿。

（三）判断题

1. 使用腾讯地图服务，需要在 AndroidManifest.xml 文件的 application 标签里添加名称为 TencentMapSDK 的 meta，value 值是申请的 Key。(　　)

2. 创建地图视图之后，需要跟应用绑定生命周期。(　　)

（四）简答题

1. 地图出现白屏和黑屏有可能是什么原因引起的？需要怎么处理？

2. 简述腾讯地图连续定位的实现过程。

项目 4 传感器应用开发

本项目通过认识 Android 传感器、使用方向传感器实现指南针功能、使用加速度传感器实现计步器功能等任务来帮助读者理解 Android 系统下传感器的相关知识，重点了解：Android 系统下常用位置传感器、方向传感器、加速度传感器的使用。

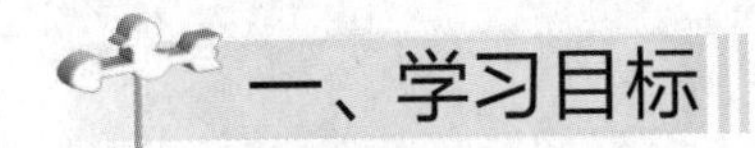

一、学习目标

素养拓展–创新精神

（一）知识目标

1. 能够熟悉 Android 系统下常用位置传感器。
2. 能够熟悉 Android 系统下常用方向传感器。
3. 能够熟悉 Android 系统下常用加速度传感器。
4. 能够熟悉 Android 系统下其他类型的传感器。

（二）技能目标

1. 能够创建位置感知应用，并能正确运行。
2. 能够创建方向感知应用，并能正确运行。
3. 相关应用能够响应设备移动，并能正确运行。

（三）素质目标

培养读者的创新意识、创新精神和创造思维。

二、项目描述

Android 手机通常会支持多种类型的传感器，如加速度传感器、方向传感器、光照传感器、温度传感器等。Android 系统负责将这些传感器所输出的信息传递给开发者，开发者可以利用这些信息开发应用。在本项目中，我们将利用传感器实现指南针、计步器等功能。

本项目由 3 个任务构成，分别是认识 Android 传感器、使用方向传感器实现指南针功能、使用加速度传感器实现计步器功能。

认识传感器

三、项目实施

任务 1 认识 Android 传感器

（一）任务描述

能够获取 Android 设备支持的传感器，并检测传感器数值的变化。

（二）问题引导

传感器在 Android 应用中起到什么作用呢？传感器（Sensor）系统可以让智能手机的功能更加丰富多彩，Android 系统支持多种传感器。本任务我们将解决如何获取移动设备上的传感器及其数值的问题。

（三）知识准备

Android 平台支持三大类传感器：位移传感器、环境传感器和位置传感器。位移传感器包括加速度传感器、重力传感器、陀螺仪和旋转矢量传感器，这些传感器沿 3 条轴线测量加速度和旋转力度。环境传感器包括气压、光线和温度传感器，用来测量各种环境参数。位置传感器包含方向和磁力传感器，用来测量设备的物理位置。Android 系统负责将这些传感器所输出的信息传递给开发者，开发者可以利用这些信息开发应用。例如，市场上的赛车游戏使用的就是重力传感器，微信的摇一摇使用的是加速度传感器。

Android 系统提供了一个类 android.hardware.Sensor 代表传感器，该类将不同的传感器封装成了常量，具体见表 4-1。

表 4-1 传感器常量

传感器类型常量	内部整数值	中文名称
Sensor.TYPE_ACCELEROMETER	1	加速度传感器
Sensor.TYPE_MAGNETIC_FIELD	2	磁力传感器
Sensor.TYPE_ORIENTATION	3	方向传感器（废弃，但依然可用）
Sensor.TYPE_GYROSCOPE	4	陀螺仪传感器
Sensor.TYPE_LIGHT	5	环境光照传感器
Sensor.TYPE_PRESSURE	6	压力传感器
Sensor.TYPE_TEMPERATURE	7	温度传感器（废弃，但依然可用）
Sensor.TYPE_PROXIMITY	8	距离传感器
Sensor.TYPE_GRAVITY	9	重力传感器
Sensor.TYPE_LINEAR_ACCELERATION	10	线性加速度传感器
Sensor.TYPE_ROTATION_VECTOR	11	旋转矢量传感器
Sensor.TYPE_RELATIVE_HUMIDITY	12	湿度传感器
Sensor.TYPE_AMBIENT_TEMPERATURE	13	温度传感器（4.0 之后替代 TYPE_TEMPERATURE）

（四）任务实施

对于传感器的使用，一般是先获取 Android 设备支持的传感器，再检测传感器数值的变化。总体上按照以下 5 个步骤进行。

1. 获取传感器管理器 SensorManager

```
SensorManager sManager = (SensorManager) getSystemService(SENSOR_SERVICE);
```

2. 获取某一类型的传感器

```
mSensorOrientation = sManager.getDefaultSensor(Sensor.TYPE_ORIENTATION);
```

以上代码表示获取方向传感器。

3. 设置传感器监听器

此时需要实现 SensorEventListener 接口，并复写传感器数值和精度发生变化时回调的两个方法。

（1）public void onSensorChanged（SensorEvent event）方法在传感器数值发生变化时回调。我们可以通过参数 event 获取传感器的值，代码如下：

```
float[] values = event.values;
```

（2）public void onAccuracyChanged(Sensor sensor, int accuracy)方法在传感器精度发生变化时回调。

4. 注册传感器监听事件

```
sensorManager.registerListener(this, mSensorOrientation,
        SensorManager.SENSOR_DELAY_UI);
```

第三个参数有 4 种取值，说明如下。

SensorManager.SENSOR_DELAY_NORMAL：延迟 200000μs，适用于监控典型的屏幕方向变化。

SensorManager.SENSOR_DELAY_GAME：延迟 20000μs，适用于游戏开发。

SensorManager.SENSOR_DELAY_UI：延迟 60000μs，适用于更新 UI（用户界面）。

SensorManager.SENSOR_FASTEST：延迟 0μs，该模式可能造成手机电量消耗过快，一般不推荐使用。

5. 注销传感器监听事件

```
sensorManager.unregisterListener(this);
```

（五）知识拓展

国家标准 GB/T 7665—2005 对传感器下的定义是：能感受被测量并按照一定的规律转换成可用信号的器件或装置，通常由敏感元件和转换元件组成。

中国物联网校企联盟认为，传感器的存在和发展，让物体有了触觉、味觉和嗅觉等感官，让物体慢慢变得活了起来。

任务 2 使用方向传感器实现指南针功能

（一）任务描述

使用方向传感器设计一个指南针，在指南针表盘上显示方位和角度，效果如图 4-1 所示。

图 4-1 指南针效果图

（二）问题引导

Android 系统中的方向传感器在生活中的典型应用是指南针，指南针是如何实现方位指向的呢？利用方向传感器返回的 3 个值，可以计算出方位和角度。

（三）知识准备

方向传感器的类型常量是 Sensor.TYPE_ORIENTATION。当方向传感器的数值发生变化时会回调 onSensorChanged(SensorEvent event)方法，这个方法的参数 event 包含 3 个值，分别是 event.values[0]、event.values[1]和 event.values[2]，它们的含义见表 4-2。

表 4-2 方向传感器 SensorEvent 3 个值的含义

方法	含义
event.values[0]	对应磁北方向和 y 轴之间的角度，围绕 z 轴旋转（0° 到 359°）。0°=北，90°=东，180°=南，270°=西
event.values[1]	对应 x 轴和水平面的夹角，围绕 x 轴旋转（−180° 到 180°），当 z 轴向 y 轴移动时角度为正值
event.values[2]	对应 y 轴和水平面的夹角，随着设备顺时针移动，围绕 y 轴旋转（−90° 到 90°）

（四）任务实施

本任务在完成了项目 2 的任务 1 绘制指南针的基础上进行，具体步骤如下。

① 创建一个类 CompassView，创建一个 Activity，将其命名为 CompassActivity。

② 在 CompassView 类中，定义 setSensorManager()方法，用来注册方向传感器。

③ CompassView 类实现接口 SensorEventListener，并重写其方法 onSensorChanged()和 onAccuracyChanged()。在 onSensorChanged()方法中，通过传感器传递的 3 个值——event.values[0]、event.values[1]和 event.values[2]，分别计算方位角、倾斜角和滚动角，然后调用 updateDirection()方法计算方位。

④ 在 CompassView 类中，定义 OnCustomSensorListener 接口，在接口中，定义 onSensorChanged()方法来感知方向传感器值的变化，定义 onCompass()方法来记录指南针的方位和角度。

⑤ 在 CompassView 类中，创建接口类型变量，并定义 setCustomSensorListener()方法来传递一个接口对象实例，以便暴露设置该接口的方法。

⑥ 修改 CompassView 类的 4 参构造方法，开启工作线程，每 100ms 重新绘制一次，以便在指南针表盘上及时显示新的角度和方位。

⑦ 在 CompassView 类中，定义 invalidView()方法来注销传感器。

⑧ 在 CompassActivity 中，获取传感器管理器，并调用 cView 的 setSensorManager()方法注册传感器的监听事件。需要注意的是，这些代码要放在 setContentView(cView)之前。

⑨ 在 CompassActivity 中，通过 cView 的 setCustomSensorListener()方法使用匿名内部类实现接口的两个方法。

⑩ 在 CompassActivity 中，重写 onDestroy()方法，调用步骤⑦定义好的 invalidView()方法，以便 Activity 销毁时注销传感器。

完整代码如下：

【CompassView.java 文件】

```
…//省略导入包
public class CompassView extends View implements SensorEventListener, Runnable {
    private Paint mTextPaint;//画文字的画笔
    private Paint mBgPaint;//画背景（圆形）的画笔
    private int mBgColor = Color.GRAY;//灰色

    private SensorManager sensorManager;//声明传感器管理器
    private Sensor mSensorOrientation;//声明一个方向传感器

    private float degree = 0.0f;//角度
    private String direction = "正北";//方位

    public CompassView(Context context) {
        this(context,null);
    }

    public CompassView(Context context, @Nullable AttributeSet attrs) {
```

```
            this(context, attrs,0);
        }

        public CompassView(Context context, @Nullable AttributeSet attrs, int
defStyleAttr) {
            this(context, attrs, defStyleAttr,0);
        }

        public CompassView(Context context, @Nullable AttributeSet attrs, int
defStyleAttr, int defStyleRes) {
            super(context, attrs, defStyleAttr, defStyleRes);
            init();
            new Thread(this).start();//每100ms重新绘制一次
        }

        private void init() {
            //该方法与项目2的任务1相同，省略
        }

        @Override
        protected void onDraw(Canvas canvas) {
            //该方法与项目2的任务1相同，省略
        }

        /*
        注册方向传感器
         */
        public void setSensorManager(SensorManager sensorManager) {
            if (this.sensorManager != null) {
                this.sensorManager.unregisterListener(this);//注销传感器
            }
            this.sensorManager = sensorManager;
            mSensorOrientation = sensorManager.getDefaultSensor(Sensor.TYPE_ORIENTATION);
            sensorManager.registerListener(this, mSensorOrientation, SensorManager.
SENSOR_DELAY_UI);//注册传感器
        }

        @Override
        public void onSensorChanged(SensorEvent event) {
            float azimuthAngle = (float) (Math.round(event.values[0] * 100)) / 100;
//方位角,手机绕着Z轴旋转的角度
```

```
            float inclinationAngle= (float) (Math.round(event.values[1] * 100)) / 100;
//倾斜角,手机翘起来的程度
            float rollAngle = (float) (Math.round(event.values[2] * 100)) / 100;
//滚动角,沿着 y 轴滚动的角度

            if (this.customSensorListener != null) {
              this.customSensorListener.onSensorChanged(azimuthAngle,inclinationAngle,
rollAngle);
            }
            updateDirection(azimuthAngle);//通过角度计算方位
        }

        @Override
        public void onAccuracyChanged(Sensor sensor, int accuracy) {

        }

        /*
        通过角度计算方位
         */
        private void updateDirection(float angle) {
            /**
             *           东
             *           90
             *
             *    北            南
             *     0            180
             *
             *           西
             *           270
             */
            degree = (angle + 22.5f) % 360f;
            float range = 30.f;//设置范围灵敏度为 30
            // 正北
            if(degree > 360.f - range && degree < 360.f + range) {
                direction = "正北";
            }

            // 正东
            if(degree > 90.f - range && degree < 90.f + range) {
                direction = "正东";
```

```
    }

    // 正南
    if(degree > 180.f - range && degree < 180.f + range) {
        direction = "正南";
    }

    // 正西
    if(degree > 270.f - range && degree < 270.f + range) {
        direction = "正西";
    }

    // 东北
    if(degree > 45.f - range && degree < 45.f + range) {
        direction = "东北";
    }

    // 东南
    if(degree > 135.f - range && degree < 135.f + range) {
        direction = "东南";
    }

    // 西南
    if(degree > 225.f - range && degree < 225.f + range) {
        direction = "西南";
    }

    // 西北
    if(degree > 315.f - range && degree < 315.f + range) {
        direction = "西北";
    }
    if (this.customSensorListener != null) {
  this.customSensorListener.onCompass(direction,degree);//在控制台输出方位和角度
    }
}

/*
  sensor 回调
*/
public interface OnCustomSensorListener {//定义接口
    /**
```

```
         * 方向传感器值的变化
         * @param azimuthAngle 方位角，手机绕着 z 轴旋转的角度。0 表示正北(North)，90 表示正
东(East)， 180 表示正南(South)，270 表示正西(West)
         * @param inclinationAngle 倾斜角，手机翘起来的程度，当手机绕着 x 轴倾斜时该值会发生
变化，取值范围为[-180,180]
         * @param rollAngle 滚动角，沿着 y 轴的滚动角度，取值范围为[-90,90]
         */
        void onSensorChanged(float azimuthAngle, float inclinationAngle, float
rollAngle);//回调方法

        /**
         * 指南针方向
         * @param direction 方向
         * @param degree 角度
         */
        void onCompass(String direction, float degree);//回调方法
    }

    private OnCustomSensorListener customSensorListener;//创建接口类型变量
    public void setCustomSensorListener(OnCustomSensorListener customSensorListener)
{//传递一个接口对象实例，以便暴露设置该接口的方法
        this.customSensorListener = customSensorListener;
    }

    //注销传感器
    public void invalidView() {
        if (this.sensorManager != null) {
            this.sensorManager.unregisterListener(this);
        }
    }

    @Override
    public void run() {
        while(!Thread.currentThread().isInterrupted())
        {
            try
            {
                Thread.sleep(100);
            }
            catch(InterruptedException e)
            {
```

```
                Thread.currentThread().interrupt();
            }
            postInvalidate();
        }
    }
}
```

【CompassActivity.java 文件】

```
    …//省略导入包
    public class CompassActivity extends BaseActivity {
        private CompassView cView;

        @Override
        protected void onCreate(Bundle savedInstanceState) {
            super.onCreate(savedInstanceState);
            cView = new CompassView(CompassActivity.this);//创建自定义的CompassView对象
            SensorManager sManager = (SensorManager) getSystemService(SENSOR_SERVICE);
//获取传感器管理器
            cView.setSensorManager(sManager);//注册传感器的监听事件
            setContentView(cView);//将CompassView设置到界面上

            cView.setCustomSensorListener(new CompassView.OnCustomSensorListener() {

                @Override
                public void onSensorChanged(float azimuthAngle, float inclinationAngle,
float rollAngle) {
                    Log.d("sensor","azimuthAngle: "
    + String.valueOf(azimuthAngle));
                    Log.d("sensor","inclinationAngle: "
    + String.valueOf(inclinationAngle));
                    Log.d("sensor","rollAngle: "
    + String.valueOf(rollAngle));
                }

                @Override
                public void onCompass(String direction, float degree) {
                    Log.d("sensor",direction + " "
    + String.valueOf(degree));
                }
            });
        }

        @Override
```

```
        protected void onDestroy() {
            super.onDestroy();
            cView.invalidView();//调用该方法注销传感器
        }
    }
```

（五）知识拓展

在 Android 平台中，传感器框架通常使用一个标准的三维坐标系来表示一个值。Android 返回的方向值是一个长度为 3 的 float 数组，包含 3 个方向的值。

将手机较短的边水平放置，较长的边垂直放置，如图 4-2 所示。

x 轴的方向：沿着屏幕水平方向从左到右。

y 轴的方向：从屏幕的底边开始沿着屏幕的垂直方向指向屏幕的顶端。

z 轴的方向：当手机水平放置时，指向天空的方向。

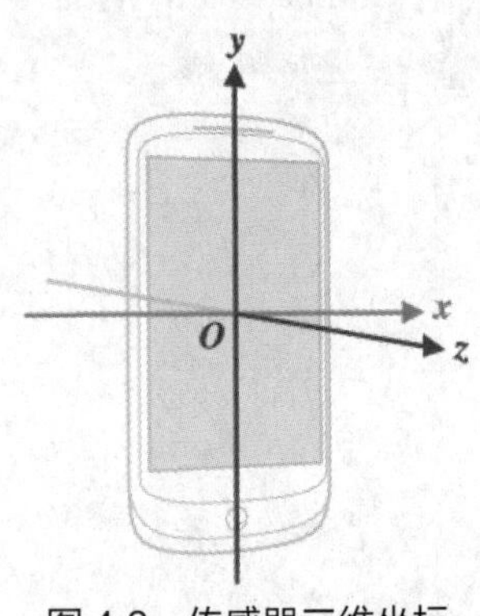

图 4-2　传感器三维坐标

任务 3　使用加速度传感器实现计步器功能

（一）任务描述

使用加速度传感器设计一个计步器。当点击 START 按钮后能实时更新步数，并且按钮文字变为 STOP；当点击 STOP 按钮后，步数清零，并且按钮文字变为 START。计步器效果图如图 4-3 所示。

图 4-3　计步器效果图

加速度传感器-计步器

（二）问题引导

加速度传感器是如何感知步数变化的呢？加速度传感器有 x、y、z 这 3 个轴，通过传感器返回的 3 个值能检测人步行中 3 个方向的加速度变化。

（三）知识准备

1. 加速度传感器简介

加速度传感器的类型常量是 Sensor.TYPE_ACCELEROMETER。当加速度传感器的数值发生变化时会回调 onSensorChanged(SensorEvent event)方法，这个方法的参数 event 包含 3 个值，分别是 event.values[0]、event.values[1]和 event.values[2]，它们的含义见表 4-3。

表 4-3 加速度传感器 SensorEvent 3 个值的含义

方法	含义
event.values[0]	左右移动的加速度
event.values[1]	前后移动的加速度
event.values[2]	上下移动的加速度

2. 加速度传感器计步原理

利用三轴加速度传感器能检测人步行中 3 个方向的加速度变化。用户在水平步行运动中，收脚的动作由于重心上移单脚触地，垂直方向加速度呈正向增加的趋势，之后继续向前，重心下移两脚触底，加速度相反。水平加速度在收脚时减小，在迈步时增大。垂直和前进两个方向的加速度呈现周期性变化，3 个加速度的矢量长度与时间形成的轨迹大致为一个正弦曲线，而且在某点有一个峰值。一个正弦波形代表一步。

首先记录上次矢量长度和运动方向，通过矢量长度的变化，可以判断当前加速度的方向，并和上一次保存的加速度方向进行比较。如果是相反的，即刚过峰值状态，则进入计步逻辑进行计步，否则就舍弃。通过对轨迹的峰值进行检测累加和加速度阈值决策，可计算用户运动的步数。

因为人的反射神经决定了人运动的极限，两步之间一般不会小于 200ms，因此将时间阈值设为 200ms，如果两次计步之间的时间间隔小于 200ms，则不计步。

（四）任务实施

下面以图 4-3 所示的计步器为例介绍加速度传感器的使用，具体步骤如下。

① 创建一个 Empty Activity，将其命名为 CountStepActivity。

② 设置 CountStepActivity 的布局文件。采用线性布局，放置两个 TextView 和一个 Button。

③ 在 CountStepActivity 的 onCreate()方法中，获取传感器管理器，获取加速度传感器，并注册传感器的监听事件。

④ 在 CountStepActivity 类中实现接口 SensorEventListener，并复写其方法 onSensorChanged()和 onAccuracyChanged()。在 onSensorChanged()方法中，通过传感器传递的 3 个值——event.values[0]、event.values[1]和 event.values[2]，计算这 3 个加速度的矢量长度，

并进行峰值检测，配合加速度阈值和时间阈值，对步数进行累加和显示。

⑤ 设置按钮的点击事件监听器，并让 CountStepActivity 实现 View.OnClickListener 接口，在其实现方法 onClick()中对按钮和文本框做一些初始设置。

⑥ 当 CountStepActivity 被销毁时，会回调 onDestroy()方法，用于注销传感器。

完整代码如下：

【activity_count_step.xml 文件】

```
<?xml version="1.0" encoding="utf-8"?>
<LinearLayout xmlns:android="http://schemas.andr*.com/apk/res/android"
    android:layout_width="match_parent"
    android:layout_height="match_parent"
    android:orientation="vertical"
    android:padding="5dp">

    <TextView
        android:layout_width="wrap_content"
        android:layout_height="wrap_content"
        android:layout_gravity="center_horizontal"
        android:layout_marginTop="30dp"
        android:text="@string/count_mac"
        android:textSize="25sp" />

    <TextView
        android:id="@+id/tv_step"
        android:layout_width="wrap_content"
        android:layout_height="wrap_content"
        android:layout_gravity="center_horizontal"
        android:layout_marginTop="5dp"
        android:text="@string/init_zero"
        android:textColor="#FF9800"
        android:textSize="100sp"
        android:textStyle="bold" />

    <Button
        android:id="@+id/btn_start"
        android:layout_width="match_parent"
        android:layout_height="64dp"
        android:text="@string/start"
        android:textSize="25sp" />

</LinearLayout>
```

【CountStepActivity.java 文件】

```
…//省略导入包
    public class CountStepActivity extends BaseActivity implements SensorEventListener,
View.OnClickListener {

        private TextView textView;
        private Button startBtn;

        private SensorManager sManager;
        private Sensor mSensorAccelerometer;

        /**
         * 每次到达峰值之间的时间差阈值
         */
        private static long PEAK_TIME_DIFF_THRESHOLD = 200;

        /**
         * 达到峰值阈值
         */
        private static double PEAK_DIFF_THRESHOLD = 5;

        /**
         * 步数，半步为1(实际步数为step的1/2)
         */
        private int step = 0;

        /**
         * 原始值
         */
        private double oriValue = 0;
        /**
         * 上次的值
         */
        private double lastValue = 0;
        /**
         * 当前值
         */
        private double curValue = 0;
        /**
         * 是否处于运动状态
         */
```

```
        private boolean moveState = true;

        /**
         * 当前是否已经在计步
         */
        private boolean runState = false;

        /**
         * 此次波峰的时间
         */
        private long timeOfThisPeak = 0;
        /**
         * 上次波峰的时间
         */
        private long timeOfLastPeak = 0;
        /**
         * 当前的时间
         */
        private long timeOfNow = 0;

        @Override
        protected void onCreate(Bundle savedInstanceState) {
            super.onCreate(savedInstanceState);
            setContentView(R.layout.activity_count_step);

            textView =  findViewById(R.id.tv_step);
            startBtn =  findViewById(R.id.btn_start);
            startBtn.setOnClickListener(this);//设置按钮的点击事件监听器

          sManager = (SensorManager)getSystemService(SENSOR_SERVICE);//获取传感器管理器
            mSensorAccelerometer = sManager.getDefaultSensor(Sensor.TYPE_ACCELEROMETER);
//获取加速度传感器
            sManager.registerListener(this, mSensorAccelerometer, SensorManager.
SENSOR_DELAY_UI);//注册传感器的监听事件
        }

        @Override
        public void onSensorChanged(SensorEvent event) {
            float[] value = event.values;
            //计算当前 3 个加速度的矢量长度
            curValue = magnitude(value[0], value[1], value[2]);
```

```
// 向上加速的状态
if (moveState) {
    if (curValue >= lastValue) {//仍未到达峰值
        lastValue = curValue;
    }
    else {
        //检测到一次峰值
        if (Math.abs(curValue - lastValue) > PEAK_DIFF_THRESHOLD) {
            timeOfLastPeak = timeOfThisPeak;
            timeOfNow = System.currentTimeMillis();
            // 增加时间判断逻辑，消除一些波动
            if (timeOfNow - timeOfLastPeak > PEAK_TIME_DIFF_THRESHOLD) {
//大于200ms才有效
                oriValue = curValue;
                moveState = false;
               timeOfThisPeak = timeOfNow;
            }
        }
    }
}
// 向下加速的状态
if (!moveState) {
    if (curValue <= lastValue) {//仍未到达峰值
        lastValue = curValue;
    } else {
        if (Math.abs(curValue - lastValue) > PEAK_DIFF_THRESHOLD) {
            // 检测到一次峰值
            oriValue = curValue;
            timeOfLastPeak = timeOfThisPeak;
            timeOfNow = System.currentTimeMillis();
            // 增加时间判断逻辑，消除一些波动
            if (timeOfNow - timeOfLastPeak > PEAK_TIME_DIFF_THRESHOLD) {
                if (runState) {
                    // 步数加1
                    step++;
                    // 读数更新，记录的是半个正弦波，完整的正弦波才算一步
                    textView.setText((int)step/2 + "");
                }
                moveState = true;
                timeOfThisPeak = timeOfNow;
```

```
                    }

                }

            }

        }

    }

    @Override
    public void onAccuracyChanged(Sensor sensor, int accuracy) {

    }

    /**
     * 计算 3 个加速度的矢量长度
     * @return
     */
    private double magnitude(float x, float y, float z) {
        double magnitude = Math.sqrt(x * x + y * y + z * z);
        return magnitude;
    }

    @Override
    public void onClick(View v) {
        if (v == startBtn) {
            startAction();
        }
    }

    /**
     * 开始按钮
     */
    private void startAction() {
        step = 0;//初始步数设为 0
        textView.setText("0");
        if (runState == true) {
            startBtn.setText("Start");
            runState = false;
        } else {
            startBtn.setText("Stop");
            runState = true;
        }
```

```
    }

    @Override
    protected void onDestroy() {
        super.onDestroy();
        sManager.unregisterListener(this);//注销传感器
    }
}
```

（五）知识拓展

加速度传感器的单位是 m/s^2，重力加速度是垂直向下的。方向传感器获取的加速度是手机运动的加速度与重力加速度（$9.81m/s^2$）的和。

四、项目实训

（一）实训目的

熟悉 Android 系统下常用的传感器，能够利用传感器所输出的信息开发应用。

（二）实训内容

使用加速度传感器实现微信摇一摇的功能，效果图如图 4-4 所示。

图 4-4　摇一摇效果图

（三）问题引导

本实训任务需要用到加速度传感器，完成本实训任务需要解决的主要问题有获取加速度传感器、检测加速度传感器值的变化、位移动画的制作。

（四）实训步骤

① 设置好布局文件，一共需要放置 3 幅图片，苹果图片在中央位置，另外两幅图片把苹果遮挡住。

② 通过传感器管理器 SensorManager 获取加速度传感器，并以给定的采样频率为加速度传感器注册监听器 SensorEventListener。

③ 通过监听器的 onSensorChanged()方法获取传感器的值。当值的变化幅度超过规定值时，执行位移动画。这个规定值需要读者反复测试，值越小越敏感。

④ 当 Activity 不可见时，为注册的传感器注销监听器。

（五）实训报告要求

Android 项目实训报告			
学号		姓名	
项目名称			
实训过程	要求写出实训步骤，并贴出步骤中的关键代码截图 如填写不下，可加附页		
遇到的问题及解决的办法	问题 1： 描述遇到的问题 解决办法： 描述解决的办法 问题 2： 描述遇到的问题 解决办法： 描述解决的办法 …… 如填写不下，可加附页		

五、项目总结

本项目主要介绍了 Android 系统下传感器的相关知识，包括方向传感器、加速度传感器等。要求读者掌握以下几个方面的知识和技能。

- 熟悉 Android 系统下常用位置传感器、方向传感器、加速度传感器。
- 能够创建位置感知应用、方向感知应用，创建的应用能够响应设备移动，并能正确运行。

六、课后练习

（一）选择题

1. （　　）类代表传感器。

A. Sensor　　B. SensorManager　　C. SensorEvent　　D. Context

2. 传感器采样频率定义在（　　）类中。

A. Sensor　　B. SensorManager　　C. SensorEvent　　D. Context

（二）判断题

1. 要注册各种传感器需要先获取 SensorManager 对象。(　　)

2. 为了适当解决使用传感器耗电量大的问题，可以设置当 Activity 可见时使用传感器；当 Activity 不可见时，注销传感器。(　　)

（三）简答题

简述如何获取一个特定传感器的数据。

（四）编程题

编写一个光照传感器的应用程序，根据光的强弱显示不同的界面背景颜色。

项目5 主流框架的应用

本项目通过使用网络框架获取服务器返回的数据、使用图片处理框架加载和处理图片、使用日志框架输出信息等任务来帮助读者理解 Android 常用主流框架的使用，重点了解：如何利用 Android 网络操作主流框架发送网络请求和数据解析、如何利用 Android 图片主流框架进行图片加载和处理、如何利用缓存和日志等其他框架提升开发效率。

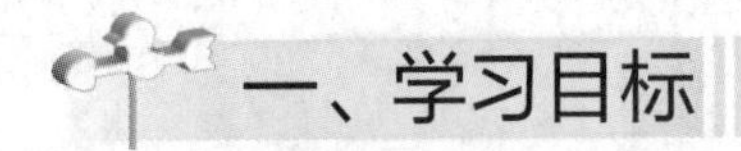

一、学习目标

（一）知识目标

1. 能够熟悉 Android 通用流行框架的特点。
2. 能够熟悉常用的网络、动画、多媒体框架的原理和实现。

（二）技能目标

1. 能依据业务需求进行技术选型。
2. 能够利用 Android 网络操作流行框架发送网络请求和数据解析。
3. 能够利用 Android 图片流行框架进行图片加载和处理。
4. 能够利用缓存和日志等其他框架提升开发效率。

（三）素质目标

培养读者阅读第三方框架文档和使用第三方框架的能力。

二、项目描述

经过前面内容的学习，我们已经可以进行正常的 Android 应用开发了。在 Android 开发中，为了提高效率，经常需要使用一些框架。在本项目中，我们将完成使用网络框架发送网络请求、使用图片框架加载并处理图片、使用日志框架输出日志等功能。

本项目由 3 个任务构成，分别是使用网络框架获取服务器返回的数据、使用图片处理框架加载和处理图片、使用日志框架输出信息。

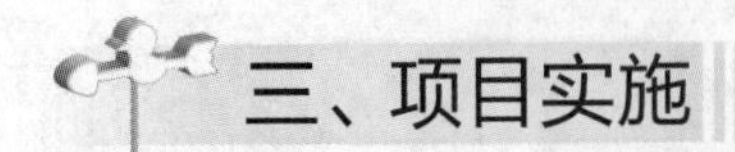

三、项目实施

网络框架的使用

任务1 使用网络框架获取服务器返回的数据

（一）任务描述

利用 Volley 框架的 GET 请求获取服务器返回的 String 类型的数据、JSON 格式的数据和图片，如图 5-1 所示。

图 5-1　Retrofit 请求效果图

（二）问题引导

为什么要学习网络框架？因为大多数应用程序都需要连接网络，从服务器获取数据，或者把数据发送给服务器。在 Android 中进行网络连接通常使用 Socket 和 HTTP，其中 HTTP 使用较多。HTTP 请求可以采用原生的 HttpUrlConnection，也可以采用一些成熟的网络框架。采用网络框架能提高开发效率。本任务我们将解决如何利用 Volley 框架的 GET 请求获取服务器返回的数据的问题。

（三）知识准备

1. Android 常用的网络框架

（1）OkHttp

OkHttp 是 Square 公司的一款开源网络框架，封装了一个高性能的 http 请求库。其支持 spdy、http2.0、websocket 等协议，支持同步、异步请求，封装了线程池，封装了数据转换，能有效提升性能。OkHttp 处理了很多网络疑难杂症：能从很多常见的连接问题中自动恢复；如果你的服务器配置了多个 IP 地址，当第一个 IP 连接失败的时候，OkHttp 会自动尝试连接下一个 IP；OkHttp 还处理了代理服务器问题和 SSL 握手失败问题。

OkHttp 的 Github 地址：https://git*.com/square/okhttp。

（2）Retrofit

Retrofit 是基于 OkHttp 封装的网络请求框架，网络请求的工作本质上由 OkHttp 完成，而 Retrofit 仅负责网络请求接口的封装。Retrofit 的接口层封装了请求参数、header、url 等信息，之后由 OkHttp 完成后续的请求工作。在服务器端返回数据后，OkHttp 将原始的结果传递给 Retrofit，Retrofit 根据客户端的相关配置，将结果解析后回调给客户端。

Retrofit 的 Github 地址：https://git*.com/square/retrofit。

（3）Volley

Volley 是在 2013 年的 Google 大会上发布的一个 Android 平台网络通信库，具有网络请求的处理、小图片的异步加载和缓存等功能，能够帮助 Android App 更方便地执行网络操作，而且更快速高效。Volley 适合数据量不大，但是通信频繁的场景，缺点是不适合下载大文件。

Volley 的 Github 地址：https://git*.com/google/volley。

2. Volley 的基本用法

（1）Volley 网络请求队列简介

Volley 请求网络是基于请求队列的，开发者只要把请求放在请求队列中，请求队列会依次进行请求。如果网络请求不频繁，一个应用程序只要有一个队列就可以了；如果请求比较频繁，可以一个 Activity 对应一个队列。创建队列的代码如下所示：

```
RequestQueue mRequestQueue = Volley.newRequestQueue(getApplicationContext());
```

（2）StringRequest 的用法

StringRequest 请求返回的数据是 String 类型的。为了发出一条 HTTP 请求，需要创建一个 StringRequest 对象，StringRequest()构造方法有 4 个参数，代码如下：

```
StringRequest(int method, String url,
            Listener<String> listener, ErrorListener errorListener)
```

参数说明见表 5-1。

表 5-1　StringRequest()构造方法的参数说明

参数	说明
method	用来设置 GET 或 POST 请求
url	用来设置请求的地址
listener	用来设置请求成功时的回调
errorListener	用来设置请求失败时的回调

最后，需要将 StringRequest 对象添加到请求队列中，代码如下：

```
mRequestQueue.add(stringRequest);
```

（3）JsonObjectRequest 的用法

JsonObjectRequest 请求返回的是 JSON 格式的数据。为了发出一条 HTTP 请求，需要创建一个 JsonObjectRequest 对象，JsonObjectRequest()构造方法有 5 个参数，代码如下：

```
JsonObjectRequest(
        int method, String url, JSONObject jsonRequest,
        Listener<JSONObject> listener, ErrorListener errorListener)
```

参数说明见表 5-2。

表 5-2　JsonObjectRequest()构造方法的参数说明

参数	说明
method	用来设置 GET 或 POST 请求
url	用来设置请求的地址
jsonRequest	发出 POST 请求时的请求体
listener	用来设置请求成功时的回调
errorListener	用来设置请求失败时的回调

最后，需要将 JsonObjectRequest 对象添加到请求队列中，如下所示：

```
mRequestQueue.add(jsonObjectRequest);
```

（4）ImageRequest()的用法

ImageRequest()用来加载图片。为了发出一条 HTTP 请求，需要创建一个 Image Request 对象，ImageRequest()构造方法有 7 个参数，如表 5-3 所示，代码如下：

```
ImageRequest(
            String url, Response.Listener<Bitmap> listener,
            int maxWidth, int maxHeight, ScaleType scaleType,
            Config decodeConfig, esponse.ErrorListener errorListener)
```

表 5-3　ImageRequest()构造方法的参数说明

参数	说明
url	用来设置请求的地址
listener	用来设置请求成功时的回调
maxWidth	图片的最大宽度
maxHeight	图片的最大高度
scaleType	图片的缩放类型
decodeConfig	颜色设置
errorListener	用来设置请求失败时的回调

最后，需要将 ImageRequest 对象添加到请求队列中，代码如下：

```
mRequestQueue.add(imageRequest);
```

（四）任务实施

下面介绍利用 Volley 框架的 GET 请求获取服务器返回的 String 类型的数据、JSON 格式的数据和图片的实现过程。

1. 在模块的 build.gradle 文件中添加依赖

```
implementation 'com.android.volley:volley:1.1.1'
```

2. 获取 String 类型的数据

① 创建一个 RequestQueue 对象。

② 创建一个 StringRequest 对象。

③ 将 StringRequest 对象添加到 RequestQueue 中。

3. 获取 JSON 格式的数据

① 创建一个 RequestQueue 对象。

② 创建一个 JsonObjectRequest 对象。

③ 将 JsonObjectRequest 对象添加到 RequestQueue 中。

4. 获取 Bitmap 格式的数据

① 创建一个 RequestQueue 对象。

② 创建一个 ImageRequest 对象。

③ 将 ImageRequest 对象添加到 RequestQueue 中。

【activity_volley.xml 文件】

```
<?xml version="1.0" encoding="utf-8"?>
<LinearLayout xmlns:android="http://schemas.andr*.com/apk/res/android"
    xmlns:app="http://schemas.andr*.com/apk/res-auto"
    xmlns:tools="http://schemas.andr*.com/tools"
    android:layout_width="match_parent"
    android:layout_height="match_parent"
    android:orientation="vertical"
    tools:context=".ui.activity.VolleyActivity">

    <Button
        android:id="@+id/btnStringRequest"
        android:layout_width="match_parent"
        android:layout_height="wrap_content"
        android:text="@string/stringrequest" />

    <Button
        android:id="@+id/btnJsonRequest"
        android:layout_width="match_parent"
        android:layout_height="wrap_content"
        android:text="@string/jsonrequest" />

    <Button
        android:id="@+id/btnImageRequest"
        android:layout_width="match_parent"
        android:layout_height="wrap_content"
        android:text="@string/imagerequest" />
    <ImageView
        android:id="@+id/imageView"
```

```
        android:layout_width="match_parent"
        android:layout_height="wrap_content"
        tools:srcCompat="@tools:sample/avatars" />
    <ScrollView
        android:layout_width="wrap_content"
        android:layout_height="wrap_content">
        <TextView
            android:id="@+id/tvResult"
            android:layout_width="match_parent"
            android:layout_height="wrap_content"
            android:hint="请求结果" />
    </ScrollView>
</LinearLayout>
```

【VolleyActivity.java 文件】

```
…//省略导入包
public class VolleyActivity extends BaseActivity {
    private Button btnStringRequest,btnJsonRequest,
btnImageRequest;
    private TextView tvResult;
    private ImageView imageView;

    @Override
    protected void onCreate(Bundle savedInstanceState) {
        super.onCreate(savedInstanceState);
        setContentView(R.layout.activity_volley);

        tvResult = findViewById(R.id.tvResult);
        imageView = findViewById(R.id.imageView);
        btnStringRequest = findViewById(R.id.btnStringRequest);
        btnJsonRequest = findViewById(R.id.btnJsonRequest);
        btnImageRequest = findViewById(R.id.btnImageRequest);

        //获取请求队列
        RequestQueue requestQueue = Volley.newRequestQueue(this);

        //向url发送GET请求，返回String字符串
        btnStringRequest.setOnClickListener(new View.OnClickListener() {
            @Override
            public void onClick(View v) {
                String url = " https://www.*.com/";
                StringRequest stringRequest = new StringRequest
```

```
    (Request.Method.GET, url,
                        new Response.Listener<String>() {
                            @Override
                            public void onResponse
    (String response) {
                                tvResult.setText(response);
                                imageView.setImageBitmap(null);
                            }
                        },
                        new Response.ErrorListener() {
                            @Override
                            public void onErrorResponse
    (VolleyError error) {

                            }
                        });
                //添加 string Request 到请求队列
                requestQueue.add(stringRequest);
            }
        });

        //向 url 发送 GET 请求，返回 JSON 格式的数据
        btnJsonRequest.setOnClickListener(new View.OnClickListener() {
            @Override
            public void onClick(View v) {
                String url = "https://wanandroid.com/wxarticle/chapters/json";
                JsonObjectRequest jsonObjectRequest = new JsonObjectRequest(Request.
Method.GET, url, null,
                        new Response.Listener<JSONObject>() {
                            @Override
                            public void onResponse(JSONObject response) {
                                tvResult.setText(response.toString());
                                imageView.setImageBitmap(null);
                            }
                        },
                        new Response.ErrorListener() {
                            @Override
                            public void onErrorResponse(VolleyError error) {

                            }
                        });
                requestQueue.add(jsonObjectRequest);
```

```
            }
        });

        //向 url 发送 GET 请求，得到 Bitmap 格式的数据
        btnImageRequest.setOnClickListener
    (new View.OnClickListener() {
            @Override
          ` public void onClick(View v) {
                //图片的地址
                String url = "https://mat1.gt*.com/pingjs/ext2020/qqindex2018/dist/img/
*_logo_2x.png";
                ImageRequest imageRequest =
    new ImageRequest(url,
                        new Response.Listener<Bitmap>() {
                            @Override
                            public void onResponse
    (Bitmap response) {
    imageView.setImageBitmap(response);
    tvResult.setText("");
                            }
                        },
                        0, 0,//最大宽高
                        ImageView.ScaleType.CENTER_INSIDE,// 缩放类型
                        Bitmap.Config.RGB_565, //颜色设置
                        new Response.ErrorListener() {
                            @Override
                            public void onErrorResponse
    (VolleyError error) {

                            }
                        }
                );
                //将 image Request 添加到请求队列
                requestQueue.add(imageRequest);
            }
        });
    }
}
```

（五）知识拓展

1. 利用 Volley 框架请求 JsonArray 类型的数据

Volley 框架除了可以请求 JsonObject 类型的数据外，还可以请求 JsonArray 类型的数据。

JsonArrayRequest 用于请求一个 JSON 数组。为了发出一条 HTTP 请求，需要创建一个 JsonArrayRequest 对象，JsonArrayRequest()构造方法有 5 个参数，如表 5-4 所示。代码如下：

```
JsonArrayRequest(
        int method, String url, JSONArray jsonRequest,
        Listener<JSONArray> listener, ErrorListener errorListener)
```

表 5-4　JsonArrayRequest()构造方法的参数说明

参数	说明
method	用来设置 GET 或 POST 请求
url	用来设置请求的地址
jsonRequest	发出 POST 请求时的请求体
listener	用来设置请求成功时的回调
errorListener	用来设置请求失败时的回调

最后，需要将 JsonArrayRequest 对象添加到 RequestQueue 中，代码如下：

```
mRequestQueue.add(jsonArrayRequest);
```

2. 利用 Volley 框架使用 ImageLoader 加载图片

Volley 框架除了可以用 ImageRequest 请求 Bitmap 数据加载图片外，也可以使用 ImageLoader 加载图片。ImageLoader 的内部也是使用 ImageRequest 来实现的，不过 ImageLoader 比 ImageRequest 更加高效，因为它不仅可以对图片进行缓存，还可以过滤重复的链接，避免重复发送请求。使用 ImageLoader 加载图片分为以下 4 个步骤。

（1）创建一个 RequestQueue 对象

```
RequestQueue requestQueue = Volley.newRequestQueue(context);
```

（2）创建一个 ImageLoader 对象

```
ImageLoader imageLoader = new ImageLoader (requestQueue,
new ImageCache() {
    @Override
    public void putBitmap(String url, Bitmap bitmap) {
    }
    @Override
    public Bitmap getBitmap(String url) {
        return null;
    }
});
```

ImageLoader 的构造方法接收两个参数，第一个参数是 RequestQueue 对象，第二个参数是 ImageCache 对象。

（3）获取一个 ImageListener 对象

```
ImageListener listener = ImageLoader.getImageListener(imageView,
        R.drawable.default_image, R.drawable.failed_image);
```

getImageListener()方法接收 3 个参数，第一个参数指定用于显示图片的 ImageView 控件，第二个参数指定加载图片的过程中显示的图片，第三个参数指定加载图片失败时显示的图片。

(4) 调用 ImageLoader 的 get()方法加载网络上的图片

```
imageLoader.get("图片地址", listener);
```

如果想对图片的大小进行限制，也可以使用 get()方法的重载，指定图片允许的最大宽度和高度，代码如下：

```
imageLoader.get("图片地址", listener, 指定宽度, 指定高度);
```

任务2 使用图片处理框架加载和处理图片

图片处理框架的使用

(一) 任务描述

利用 Glide 框架加载网络图片，并对加载的图片进行调整大小、裁剪、滤镜、圆形、灰度等处理，如图 5-2 所示。

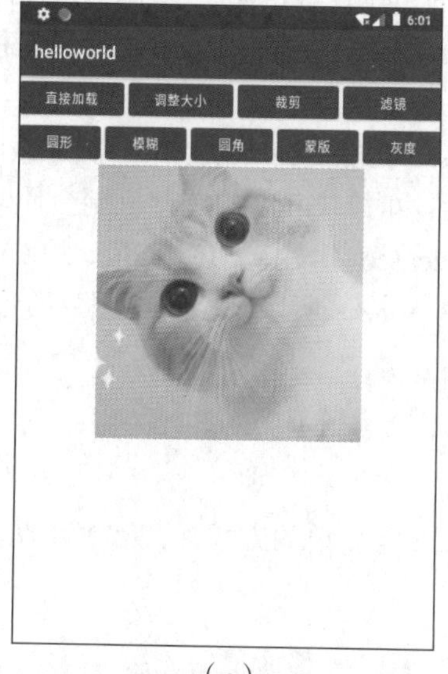

(a)

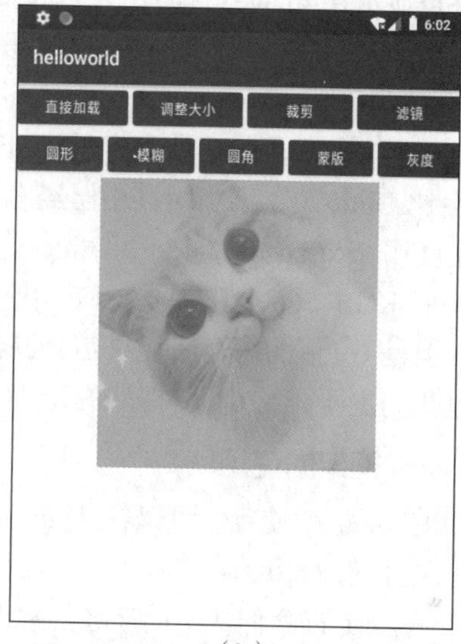

(b)

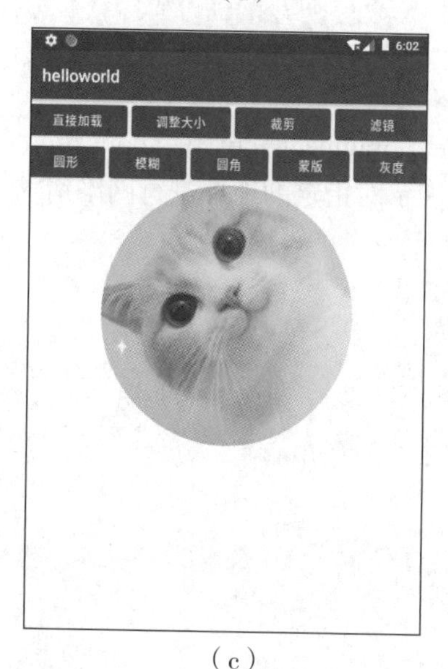

(c)

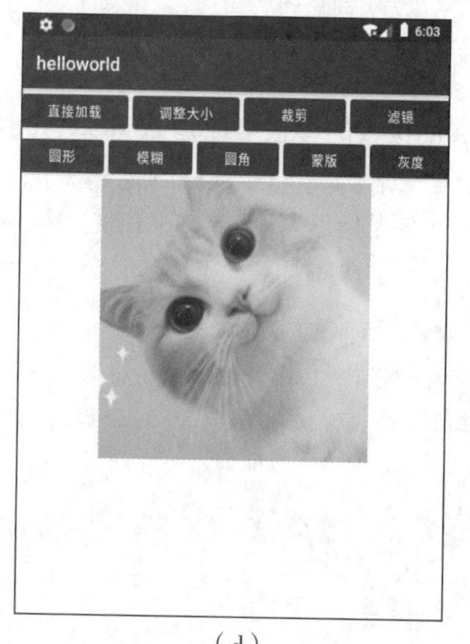

(d)

图 5-2 利用 Glide 框架处理图片

（二）问题引导

图片处理是 Android 开发中经常会遇到的操作。对于如何更好地加载图片，如何对图片做缩放、圆形化等处理的问题，读者能从本任务介绍的 Android 常用图片框架中找到答案。

（三）知识准备

1. Android 常用图片框架简介

Android 常用图片框架包括 Picasso、Glide、Fresco 等。Picasso 由 Square 公司出品，Glide 由 Bump Technologies 开发，Fresco 由 Facebook 开发。

Fresco 支持 gif，图片加载效率高，支持图片从模糊到清晰的渐进式加载，图片可以任意的中心点显示在 ImageView 上，采用了类似 GC 的引用计数机制，使不再使用的图片对象可以更早地被回收，从而降低内存的开销。Fresco 的缺点是包很大，API 不够简洁，用法复杂。

Picasso 比 Glide 更加简洁和轻量，Glide 比 Picasso 功能更为丰富。第一次加载图片时，Picasso 会比 Glide 快，而当缓存中已经有下载好的图片时，Glide 的缓存机制会使 Glide 显示图片速度比 Picasso 快。此外，Glide 支持 GIF，Picasso 不支持 GIF。Glide 的 Bitmap 默认的格式是 RGB_565，但是 Picasso 用的是 ARGB_8888，所以 Glide 在图片质量上不如 Picasso，但是 Glide 的内存消耗只是 Picasso 的一半。

这里我们主要介绍 Glide 框架的使用。

2. Glide 框架的使用

使用 Glide 框架使我们可以在 Android 平台上以非常简单的方式加载和展示图片。

（1）图片的加载

Glide 框架允许我们从不同途径加载图片，示例如下：

```
//从网络中加载图片
Glide.with(context).load("https://src.pc*.com.cn/d/file/20180627/201708101544375
040327.png").into(imageView);
```

with()接收的参数可以是 context、activity、fragment、fragmentActivity、application Context 中的任何一个，load()是核心的请求方法。以上代码表示对指定的地址进行网络请求，into()方法用于将图片显示在指定的 ImageView 控件中。

以下 3 个代码片段分别展示了 3 种加载图片的方式：

```
//通过本地文件加载图片
File file = new File
(Environment.getExternalStoragePublicDirectory(Environment.DIRECTORY_PICTURES),"
test.jpg");
Glide.with(context).load(file).into(imageView);

//通过资源 id 加载图片
int resourceId = R.drawable.test;
Glide.with(context).load(resourceId).into(imageView);
```

```
//通过二进制流加载图片
byte[] image = getImageBytes();
Glide.with(this).load(image).into(imageView);
```

在加载图片的过程中，可以设置图片未加载完毕时默认显示的图片，还可以设置图片加载失败时显示的图片，代码如下：

```
Glide.with( context ).load( url)
.placeholder( R.drawable.pic1 )//图片未加载完毕时默认显示的图片
.error( R.drawable.pic2 ).into( imageViewGif );// 图片加载失败时显示的图片

//图片预加载
Glide.with( context ).load( url).preload()
```

（2）对图片的处理

以下 3 个代码片段分别展示了如何实现调整图片的大小、设置缩略图和对图片做圆形化处理如下：

```
//调整图片的大小
Glide.with(context).load(url)
.override(300, 200)//调整图片的宽、高分别为 300 和 200
.into(imageView);

//设置缩略图
Glide.with( context ).load(url)
.thumbnail( 0.1f )//设置为原图的 1/10
.into( imageView );
//对图片做圆形化处理
RequestOptions optionsCircle = new RequestOptions().circleCrop();
Glide.with(this).load(imageUrl).apply(optionsCircle)
.into(imageView);
```

借助 Glide Transformations 库，我们可以非常轻松地实现各种基本的图片变换，如裁剪变换、颜色变换、模糊变换等。

使用该库需要在模块的 gradle 中添加依赖，代码如下：

```
implementation 'jp.wasabeef:glide-transformations:4.3.0'

//对图片做模糊变换
RequestOptions optionsBlur = new
  RequestOptions().transform(new BlurTransformation());
Glide.with(this).load(imageUrl).apply(optionsBlur).into(imageView);
```

new BlurTransformation()可以接收 0 个参数、1 个参数或 2 个参数。0 个参数表示采用默认值，1 个参数时传入模糊度，2 个参数时传入模糊度和采样率。

对图片做圆角变换的代码如下：

```
//对图片做圆角变换
RequestOptions optionsRounded = new
RequestOptions().transform (new RoundedCornersTransformation(10,5));
Glide.with(this).load(imageUrl).apply(optionsRounded).into(imageView);
```

new RoundedCornersTransformation ()可以接收 2 个参数或 3 个参数。2 个参数时传入圆角半径和外边距，3 个参数时传入圆角半径、外边距和圆角类型。

为图片添加蒙版的代码如下：

```
//为图片添加蒙版
RequestOptions optionsMask = new RequestOptions()
.transform(new MaskTransformation(R.drawable.star));
Glide.with(this).load(imageUrl).apply(optionsMask).into(imageView);
```

new MaskTransformation ()接收 1 个参数，传入目标图片。最终实现保留覆盖目标像素的源像素，丢弃其余的源像素和目标像素的效果。

对图片做灰度变换和裁剪变换的代码如下：

```
//对图片做灰度变换
RequestOptions optionsGray = new RequestOptions()
.transform(new GrayscaleTransformation());
Glide.with(this).load(imageUrl)
.apply(optionsGray).into(imageView);
//new GrayscaleTransformation ()接收 0 个参数

//对图片做裁剪变换
RequestOptions optionsCrop = new RequestOptions()
.transform(new CropTransformation(300, 200, CropTransformation.CropType.TOP));
Glide.with(this).load(imageUrl)
.apply(optionsCrop).into(imageView);
```

new CropTransformation ()可以接收 2 个参数或 3 个参数。2 个参数时传入裁剪的宽度和高度，此时，从图片中部进行裁剪；3 个参数时传入裁剪的宽度、高度和裁剪位置。裁剪位置可以选择上、中、下之一。CropTransformation.CropType.TOP 表示上，CropTransformation.CropType.CENTER 表示中，CropTransformation.CropType.BOTTOM 表示下。

（四）任务实施

下面以图 5-2 的效果为例，介绍如何使用 Glide 加载图片和处理图片。

1. 在模块的 gradle 中添加依赖

```
dependencies {
    …
    //图片框架
    implementation 'com.github.bumptech.glide:glide:4.12.0'
    implementation 'jp.wasabeef:glide-transformations:4.3.0'
}
```

2. 加载网络图片时需要添加网络访问权限

```
<uses-permission android:name="android.permission.INTERNET" />
```

3. 设置布局文件

采用线性布局，放置 9 个 Button 和一个 ImageView。

【activity_glide.xml 文件】

```
<?xml version="1.0" encoding="utf-8"?>
<LinearLayout xmlns:android="http://schemas.andr*.com/apk/res/android"
    xmlns:app="http://schemas.andr*.com/apk/res-auto"
    xmlns:tools="http://schemas.andr*.com/tools"
    android:layout_width="match_parent"
    android:layout_height="match_parent"
    android:orientation="vertical"
    tools:context=".ui.activity.GlideActivity">
    <LinearLayout
        android:layout_width="match_parent"
        android:layout_height="wrap_content"
        android:orientation="horizontal">
        <Button
            android:id="@+id/btnLoad"
            android:layout_width="wrap_content"
            android:layout_height="wrap_content"
            android:layout_weight="1"
            android:text="@string/load" />
        <Button
            android:id="@+id/btnResize"
            android:layout_width="wrap_content"
            android:layout_height="wrap_content"
            android:layout_marginLeft="5dp"
            android:layout_marginRight="5dp"
            android:layout_weight="1"
            android:text="@string/resize" />
        <Button
            android:id="@+id/btnCrop"
            android:layout_width="wrap_content"
            android:layout_height="wrap_content"
            android:layout_weight="1"
            android:text="@string/crop" />
        <Button
            android:id="@+id/btnColorFilter"
            android:layout_width="wrap_content"
```

```
            android:layout_height="wrap_content"
            android:layout_marginLeft="5dp"
            android:layout_weight="1"
            android:text="@string/colorFilter" />
    </LinearLayout>
    <LinearLayout
        android:layout_width="match_parent"
        android:layout_height="wrap_content"
        android:layout_weight="0"
        android:orientation="horizontal">
        <Button
            android:id="@+id/btnCircle"
            android:layout_width="wrap_content"
            android:layout_height="wrap_content"
            android:layout_marginRight="5dp"
            android:layout_weight="1"
            android:text="@string/circle" />
        <Button
            android:id="@+id/btnBlur"
            android:layout_width="wrap_content"
            android:layout_height="wrap_content"
            android:layout_weight="1"
            android:text="@string/blur" />
        <Button
            android:id="@+id/btnRoundedCorners"
            android:layout_width="wrap_content"
            android:layout_height="wrap_content"
            android:layout_weight="1"
            android:layout_marginLeft="5dp"
            android:layout_marginRight="5dp"
            android:text="@string/roundedCorners" />
        <Button
            android:id="@+id/btnMask"
            android:layout_width="wrap_content"
            android:layout_height="wrap_content"
            android:layout_marginRight="5dp"
            android:layout_weight="1"
            android:text="@string/mask" />
        <Button
            android:id="@+id/btnGray"
            android:layout_width="wrap_content"
```

```
            android:layout_height="wrap_content"
            android:layout_weight="1"
            android:text="@string/gray" />
    </LinearLayout>
    <ImageView
        android:id="@+id/imageView"
        android:layout_width="wrap_content"
        android:layout_height="wrap_content"
        android:layout_gravity="center_horizontal"
        tools:srcCompat="@tools:sample/avatars"/>
</LinearLayout>
```

4. 编写 Java 代码

首先通过 with()方法和 load()方法加载图片，然后通过 apply()方法处理图片，最后通过 into()方法将图片显示在 ImageView 中。apply()方法需要传入一个 RequestOptions 对象。

【GlideActivity.java 文件】

```
…//省略导入包
public class GlideActivity extends BaseActivity implements View.OnClickListener {
    private ImageView imageView;
    private Button btnLoad, btnResize, btnCrop,btnColorFilter,
btnBlur,btnCircle,btnRoundedCorners,btnMask,btnGray;
    private String imageUrl;//图片地址

    @Override
    protected void onCreate(Bundle savedInstanceState) {
        super.onCreate(savedInstanceState);
        setContentView(R.layout.activity_glide);
        imageView = findViewById(R.id.imageView);
        //图片地址
        imageUrl =
"https://src.pcsoft.com.cn/d/file/20180627/2017081015443750403 27.png";
        //设置按钮监听器
        setListener();
    }

    private void setListener() {
        btnLoad = findViewById(R.id.btnLoad);
        btnResize = findViewById(R.id.btnResize);
        btnCrop = findViewById(R.id.btnCrop);
        btnColorFilter = findViewById(R.id.btnColorFilter);
        btnBlur = findViewById(R.id.btnBlur);
        btnCircle = findViewById(R.id.btnCircle);
        btnRoundedCorners = findViewById(R.id.btnRoundedCorners);
```

```
        btnMask = findViewById(R.id.btnMask);
        btnGray = findViewById(R.id.btnGray);
        btnLoad.setOnClickListener(this);
        btnResize.setOnClickListener(this);
        btnCrop.setOnClickListener(this);
        btnBlur.setOnClickListener(this);
        btnCircle.setOnClickListener(this);
        btnRoundedCorners.setOnClickListener(this);
        btnMask.setOnClickListener(this);
        btnGray.setOnClickListener(this);
        btnColorFilter.setOnClickListener(this);
    }

    @Override
    public void onClick(View v) {
        switch (v.getId()){
            case R.id.btnLoad://直接加载图片
                Glide.with(this).load(imageUrl).into(imageView);
                break;
            case R.id.btnResize://调整大小
                Glide.with(this).load(imageUrl)
                    .override(300, 300)//调整图片宽、高分别为300和300
                    .into(imageView);
                break;
            case R.id.btnCrop://裁剪
                RequestOptions optionsCrop = new RequestOptions()
                     .transform(new CropTransformation(300, 150, CropTransformation.
CropType.TOP));
                Glide.with(this).load(imageUrl).apply(optionsCrop).into(imageView);
                break;
            case R.id.btnColorFilter://颜色滤镜
                RequestOptions optionsColorFilter = new RequestOptions()
                        .transform(new ColorFilterTransformation(0x7900CCCC));//79代
表透明度，00CCCC代表颜色
                Glide.with(this).load(imageUrl).apply(optionsColorFilter).into
(imageView);
                break;
            case R.id.btnCircle://圆形
                RequestOptions optionsCircle = new RequestOptions().circleCrop();
                Glide.with(this).load(imageUrl).apply(optionsCircle).into(imageView);
                break;
            case R.id.btnBlur://模糊
                RequestOptions optionsBlur = new RequestOptions().transform(new Blur
Transformation());
```

```
            Glide.with(this).load(imageUrl).apply(optionsBlur).into(imageView);
            break;
        case R.id.btnRoundedCorners://圆角
            RequestOptions optionsRounded = new RequestOptions()
                    .transform(new RoundedCornersTransformation(10,5));
            Glide.with(this).load(imageUrl).apply(optionsRounded).into(imageView);
            break;
        case R.id.btnMask://五角星形蒙版
            RequestOptions optionsMask = new RequestOptions()
                    .transform(new MaskTransformation(R.drawable.star));
            Glide.with(this).load(imageUrl).apply(optionsMask).into(imageView);
            break;
        case R.id.btnGray://灰度
            RequestOptions  optionsGray  =  new  RequestOptions().transform(new
GrayscaleTransformation());

Glide.with(this).load(imageUrl).apply(optionsGray).into(imageView);
            break;
        }
    }
}
```

（五）知识拓展

Glide 是自带缓存的，所有的图片请求都会被缓存在内存和磁盘中。大多数情况下，我们需要缓存以便图片更快地显示，但有时我们并不需要缓存。例如，对于一幅不断变化的动图，由于用的是同一个 URL，因此需要避免缓存。Glide 提供了一些方法避免内存存储和磁盘存储：

```
//禁止内存缓存，但仍会缓存到磁盘
.skipMemoryCache( true )

//禁止磁盘缓存
.diskCacheStrategy( DiskCacheStrategy.NONE )
```

.diskCacheStrategy()方法的参数说明见表 5-5。

表 5-5 .diskCacheStrategy()方法的参数说明

参数	说明
DiskCacheStrategy.NONE	不缓存任何内容
DiskCacheStrategy. DATA	只缓存原始图片
DiskCacheStrategy. RESOURCE	只缓存转换后的图片
DiskCacheStrategy.ALL	缓存所有类型的图片
DiskCacheStrategy.AUTOMATIC	让 Glide 根据图片资源智能地选择使用哪一种缓存策略（默认）

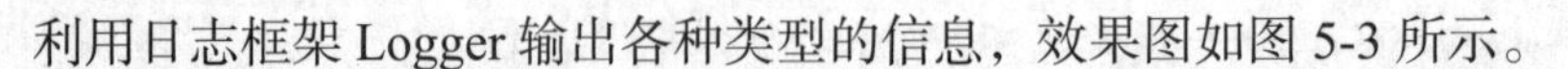

任务 3　使用日志框架输出信息

（一）任务描述

利用日志框架 Logger 输出各种类型的信息，效果图如图 5-3 所示。

```
Thread: main
--------------------------------------------------------------
MaterialButton.performClick  (MaterialButton.java:967)
   View.performClick  (View.java:6294)
      LogActivity.onClick  (LogActivity.java:81)
--------------------------------------------------------------
{
  "weatherinfo": {
    "city": "北京",
    "temp1": "3℃",
    "temp2": "-8℃",
    "weather": "晴",
    "ptime": "11:00"
  }
}
```

（a）利用 Logger 输出 JSON 信息效果图

```
Thread: main
--------------------------------------------------------------
MaterialButton.performClick  (MaterialButton.java:967)
   View.performClick  (View.java:6294)
      LogActivity.onClick  (LogActivity.java:103)
--------------------------------------------------------------
{key_bj=北京, key_sh=上海}
```

（b）利用 Logger 输出 Map 信息效果图

```
Thread: main
--------------------------------------------------------------
MaterialButton.performClick  (MaterialButton.java:967)
   View.performClick  (View.java:6294)
      LogActivity.onClick  (LogActivity.java:118)
--------------------------------------------------------------
数组越界异常 : java.lang.ArrayIndexOutOfBoundsException: length=3; index=4
    at com.example.helloworld.ui.activity.LogActivity.onClick(LogActivity.java:116)
    at android.view.View.performClick(View.java:6294)
    at com.google.android.material.button.MaterialButton.performClick(MaterialButton.java:967)
    at android.view.View$PerformClick.run(View.java:24770)
    at android.os.Handler.handleCallback(Handler.java:790)
    at android.os.Handler.dispatchMessage(Handler.java:99)
    at android.os.Looper.loop(Looper.java:164)
    at android.app.ActivityThread.main(ActivityThread.java:6494) <1 internal call>
    at com.android.internal.os.RuntimeInit$MethodAndArgsCaller.run(RuntimeInit.java:438)
    at com.android.internal.os.ZygoteInit.main(ZygoteInit.java:807)
```

（c）利用 Logger 输出异常信息效果图

图 5-3　利用 Logger 输出信息效果图

（二）问题引导

在 Android 开发中，经常用到日志输出，它为我们的开发提供了很大的帮助。原生的 Log 输出可以满足大部分需求，但也有一些明显的短板，例如显示效果不够整洁，无法对 JSON 数据和 XML 数据格式化，有字符长度的限制、超过将直接截断等。而我们将要学习的日志框架 Logger 可以很好地解决这些问题。

（三）知识准备

1. Logger 简介

Logger 输出的日志可以包含线程的信息、类的信息、方法的信息、自定义消息，并且支持从日志跳转到源码，如图 5-4 所示。

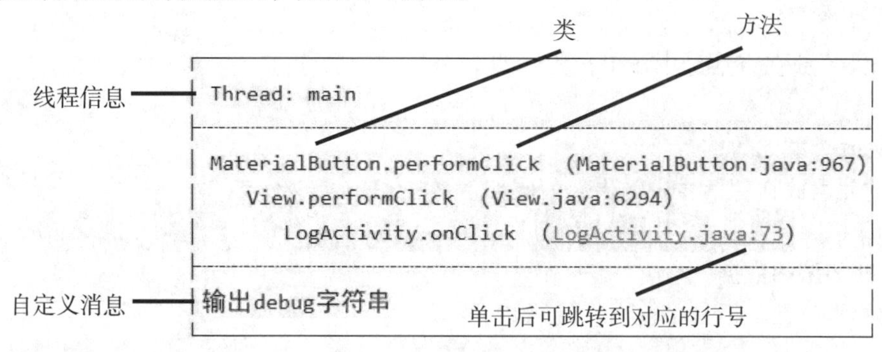

图 5-4 Logger 输出 debug 信息效果图

2. Logger 的使用

（1）添加依赖

想要使用 Logger 框架，必须先添加依赖，代码如下：

```
implementation 'com.orhanobut:logger:2.2.0'
```

（2）初始化设置

通过初始化设置，可以控制日志输出时是否显示线程信息、是否显示方法信息、显示的方法栈个数，还可以添加输出适配器，代码如下：

```
FormatStrategy formatStrategy = PrettyFormatStrategy.newBuilder()
    .showThreadInfo(true)  // 是否显示线程信息，默认为 true
    .methodCount(3)       //调用堆栈的方法行数，默认为(2)
    .tag(TAG)   // 日志的全局标志．默认为 PRETTY_LOGGER
    .build();
//添加一个输出适配器
Logger.addLogAdapter (new AndroidLogAdapter(formatStrategy));
```

（3）不同级别日志的输出

日志一般分 6 个等级，从低到高分别是 VERBOSE、DEBUG、INFO、WARN、ERROR、FATAL。对应中文的意思就是烦琐信息、调试信息、一般信息、警告信息、错误信息、严重错误信息。在记录日志的时候，可以根据不同的日志级别来进行记录。

Logger 的 6 个静态方法可以用来输出 6 种不同级别的日志信息，代码及含义如下：

```
Logger.i("输出 information 字符串");
Logger.d("输出 debug 字符串");
Logger.e("输出 error 字符串");
Logger.w("输出 warning 字符串");
Logger.v("输出 verbose 字符串");
Logger.wtf("在特殊情况下使用此项输出意外错误等");
```

（4）输出 JSON 类型的数据

把符合 JSON 格式的字符串结构化输出，代码如下：

```
Logger.json(strJson);
```

（5）输出 XML 类型的数据

把符合 XML 格式的字符串结构化输出，代码如下：

```
Logger.xml(XML);
```

（6）输出 List 类型的数据

把 List 中的元素放在方括号中输出，代码如下：

```
Logger.d(list);
```

（7）输出 Map 类型的数据

把 Map 中的元素放在花括号中输出，代码如下：

```
Logger.d(map);
```

（8）输出 Set 类型的数据

把 Set 中的元素放在花括号中输出，代码如下：

```
Logger.d(set);
```

（9）输出异常信息

```
int[] a = new int[3];
try {
    a[4] = 3;
} catch (Exception e) {
    Logger.e(e, "数组越界异常");
}
```

（四）任务实施

利用日志框架 Logger 输出各种类型信息的步骤如下。

1. 在模块的 gradle 中添加依赖

```
dependencies {
   implementation 'com.orhanobut:logger:2.2.0'
}
```

2. 设置布局文件

采用线性布局，放置 7 个 Button，日志框架 Logger 效果图如图 5-5 所示。

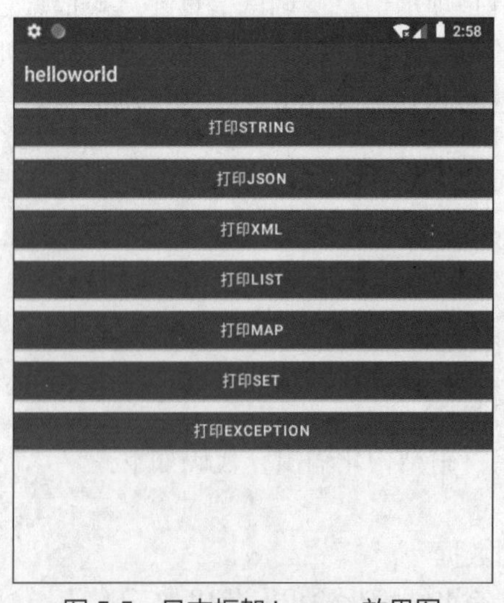

图 5-5　日志框架 Logger 效果图

【activity_log.xml 文件】

```
<?xml version="1.0" encoding="utf-8"?>
<LinearLayout xmlns:android="http://schemas.andr*.com/apk/res/android"
    xmlns:app="http://schemas.andr*.com/apk/res-auto"
    xmlns:tools="http://schemas.andr*.com/tools"
    android:layout_width="match_parent"
    android:layout_height="match_parent"
    android:orientation="vertical"
    tools:context=".ui.activity.LogActivity">
  <Button
      android:id="@+id/btnString"
      android:layout_width="match_parent"
      android:layout_height="wrap_content"
      android:text="@string/printString" />
  <Button
      android:id="@+id/btnJson"
      android:layout_width="match_parent"
      android:layout_height="wrap_content"
      android:text="@string/printJson" />
  <Button
      android:id="@+id/btnXml"
      android:layout_width="match_parent"
      android:layout_height="wrap_content"
      android:text="@string/printXml" />
  <Button
      android:id="@+id/btnList"
      android:layout_width="match_parent"
      android:layout_height="wrap_content"
      android:text="@string/printList" />
  <Button
      android:id="@+id/btnMap"
      android:layout_width="match_parent"
      android:layout_height="wrap_content"
      android:text="@string/printMap" />
  <Button
      android:id="@+id/btnSet"
      android:layout_width="match_parent"
      android:layout_height="wrap_content"
      android:text="@string/printSet" />
  <Button
      android:id="@+id/btnException"
```

```
        android:layout_width="match_parent"
        android:layout_height="wrap_content"
        android:text="@string/printException" />
</LinearLayout>
```

3. 编写 Java 代码

首先对 Logger 进行初始化处理，然后对所有按钮设置点击事件监听器，针对不同按钮做不同的输出处理。

【LogActivity.java 文件】

```
…//省略导入包
public class LogActivity extends AppCompatActivity implements View.OnClickListener {
    private Button btnString;
    private Button btnJson;
    private Button btnXml;
    private Button btnList;
    private Button btnMap;
    private Button btnSet;
    private Button btnException;
    private final String TAG = "LogActivity";
    @Override
    protected void onCreate(Bundle savedInstanceState) {
        super.onCreate(savedInstanceState);
        setContentView(R.layout.activity_log);

        init();//Logger初始化
        setListener();//设置按钮的点击事件监听器
    }

    //Logger初始化
    private void init() {
        FormatStrategy formatStrategy =
  PrettyFormatStrategy.newBuilder()
                .showThreadInfo(true) //是否显示线程信息，默认为true
                .methodCount(3) //调用堆栈的方法行数，默认为(2)
                .tag(TAG) // 日志的全局标志， 默认为 PRETTY_LOGGER
                .build();
        //添加一个输出适配器
        Logger.addLogAdapter(new AndroidLogAdapter(formatStrategy));
    }

    //设置按钮的点击事件监听器
```

```
    private void setListener() {
        btnString = findViewById(R.id.btnString);
        btnJson = findViewById(R.id.btnJson);
        btnXml = findViewById(R.id.btnXml);
        btnList = findViewById(R.id.btnList);
        btnMap = findViewById(R.id.btnMap);
        btnSet = findViewById(R.id.btnSet);
        btnException = findViewById(R.id.btnException);

        btnString.setOnClickListener(this);
        btnJson.setOnClickListener(this);
        btnXml.setOnClickListener(this);
        btnList.setOnClickListener(this);
        btnMap.setOnClickListener(this);
        btnSet.setOnClickListener(this);
        btnException.setOnClickListener(this);
    }

    @Override
    public void onClick(View v) {
        switch (v.getId()){
            case R.id.btnString:// 输出字符串信息
                Logger.i("输出information字符串");
                Logger.d("输出debug字符串");
                Logger.e("输出error字符串");
                Logger.w("输出warning字符串");
                Logger.v("输出verbose字符串");
                Logger.wtf("在特殊情况下使用此项输出意外错误等");
                break;
            case R.id.btnJson:// 输出JSON类型的数据
                String JSON = "{\"weatherinfo\":{\"city\":\"北京\",\"temp1\":\"3℃
\",\"temp2\":\"-8℃\",\"weather\":\"晴\",\"ptime\":\"11:00\"}}";
                Logger.json(JSON);
                break;
            case R.id.btnXml:// 输出XML类型的数据
                String XML = "<china>\n" +
                    "  <city name=\"北京\" type=\"晴\"/>\n" +
                    "  <city name=\"上海\" type=\"阴\"/>\n" +
                    "  <city name=\"重庆\" type=\"多云\"/>\n" +
                      "</china>";
                Logger.xml(XML);
```

```
            break;
        case R.id.btnList:// 输出 List 类型的数据
            List<String> list = new ArrayList<>();
            list.add("北京");
            list.add("上海");
            Logger.d(list);
            break;
        case R.id.btnMap:// 输出 Map 类型的数据
            Map<String, String> map = new HashMap<>();
            map.put("key_bj", "北京");
            map.put("key_sh", "上海");
            Logger.d(map);
            break;
        case R.id.btnSet:// 输出 Set 类型的数据
            Set<String> set = new HashSet<>();
            set.add(new String("北京"));
            set.add(new String("上海"));
            Logger.d(set);
            break;
        case R.id.btnException:// 输出异常信息
            int[] a = new int[3];
            try {
                a[4] = 3;
            } catch (Exception e) {
                Logger.e(e, "数组越界异常");
            }
            break;
    }
  }
}
```

（五）知识拓展

1. 改变 TAG

在项目开发中，我们可能要在不同的类或位置进行日志的输出，为了输出日志筛选方便，可以根据实际情况设置不同的 TAG，设置方式如下：

```
Logger.t("myTag").d("日志信息");
```

2. 控制日志信息是否输出

在项目开发过程中，程序员经常在程序中输出日志。一旦项目完成上线这些日志就不需要输出了，因为频繁的日志输出会影响性能。如果逐条删除日志需要花费很多时间，而且如果项目上线后发现 bug，可能还需要还原日志做调试，删除并不是明智之举。Logger

框架能够方便地控制日志是否输出，代码如下：

```
Logger.addLogAdapter(new AndroidLogAdapter(formatStrategy){
        @Override
        public boolean isLoggable(int priority, @Nullable String tag) {
            //返回 false 表示不输出日志信息
            //返回 true 表示输出日志信息
return false;
        }
    });
```

四、项目实训

（一）实训目的

掌握利用 Android 网络操作主流框架发送网络请求和数据解析的方法。

（二）实训内容

利用网络操作框架获取天气信息，并解析 JSON 数据，完成天气预报 App 的开发，实训效果图如图 5-6 所示。

网址是：http://weather.123.*.net/static/weather_info/101010100.html。

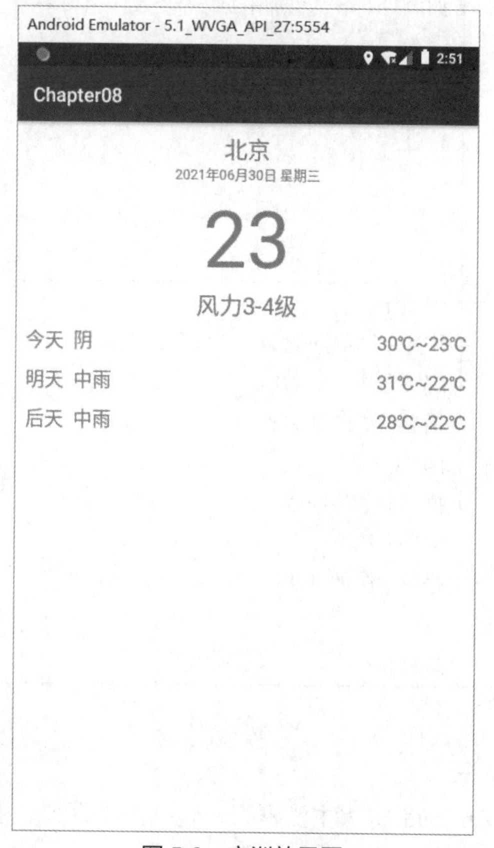

图 5-6　实训效果图

（三）问题引导

本实训任务需要获取服务器响应结果，并对结果进行解析。完成本实训任务需要解决的主要问题有：如何使用网络处理框架发送 GET 请求，如何解析 JSON 数据。

（四）实训步骤

① 在清单文件中添加网络访问权限。

② 在对应模块的 build.gradle 文件中添加网络框架的依赖。

③ 创建一个用来存取天气信息的实体 bean。

④ 使用网络框架发送 GET 请求。

⑤ 获取服务器返回的数据，并将数据处理为符合 JSON 格式的字符串。

⑥ 对 JSON 数据进行解析，取出需要的内容并保存到实体 bean 中。

⑦ 从实体 bean 中取出响应的内容并显示在对应的控件中。

（五）实训报告要求

<table>
<tr><th colspan="4">Android 项目实训报告</th></tr>
<tr><td>学号</td><td></td><td>姓名</td><td></td></tr>
<tr><td>项目名称</td><td colspan="3"></td></tr>
<tr><td>实训过程</td><td colspan="3">要求写出实训步骤，并贴出步骤中的关键代码截图
如填写不下，可加附页</td></tr>
<tr><td>遇到的问题及解决的办法</td><td colspan="3">问题 1：
描述遇到的问题
解决办法：
描述解决的办法
问题 2：
描述遇到的问题
解决办法：
描述解决的办法
……
如填写不下，可加附页</td></tr>
</table>

五、项目总结

本项目主要介绍了 Android 常用主流框架，包括网络框架、图片处理框架和日志框架等。要求读者掌握以下几个方面的知识和技能。

- 熟悉 Android 常用主流框架的特点。
- 熟悉常用的网络、动画、多媒体框架的原理和实现。
- 能够利用 Android 网络框架发送网络请求和解析数据。
- 能够利用 Android 图片处理框架进行图片加载和处理。
- 能够利用缓存、日志等其他框架提升开发效率。

六、课后练习

（一）选择题

1. 利用 Glide 设置图片未加载完毕时默认显示的图片，使用（　　）进行设置。

A. with　B. load　C. placeholder　D. error

2. 利用 Glide 设置图片加载失败时显示的图片，使用（　　）进行设置。

A. with　B. load　C. placeholder　D. error

3. 利用 Glide 预加载图片时，使用（　　）进行设置。

A. preload　B. load　C. placeholder　D. error

4. 利用 Glide 调整图片的大小时，使用（　　）进行设置。

A. override　B. thumbnail　C. with　D. load

5. 利用 Logger 记录日志的时候，可以根据不同的日志级别进行记录。记录一般信息使用的方法是（　　）。

A. Logger.i()　B. Logger.e()　C. Logger.w()　D. Logger.d()

6. 把 List 中的元素放在方括号中输出，使用 Logger 的哪种方法？（　　）

A. Logger.json()　B. Logger.xml()　C. Logger.w()　D. Logger.d()

（二）填空题

1. Android 常用网络框架包括__________、__________、__________等。
2. Volley 框架的 StringRequest 请求返回的数据是__________类型的。
3. Volley 框架的 JsonObjectRequest 请求返回的数据是__________格式的数据。
4. OkHttp 封装了__________和__________，能有效提高性能。
5. Android 常用图片框架包括__________、__________、__________等。
6. 第一次加载图片时，__________会比__________快，而当缓存中已经有下载好的图片时，__________显示图片比__________快（填写 Picasso 或 Glide）。
7. __________在图片质量上不如__________，但是__________的内存消耗较小。（填写 Picasso 或 Glide。）

（三）判断题

1. OkHttp 不支持异步请求。（　　）
2. Retrofit 是基于 OkHttp 封装的网络请求框架。（　　）
3. Volley 适用于下载大文件。（　　）
4. Volley 具有小图片的异步加载和缓存等功能。（　　）
5. Volley 适合数据量不大但是通信频繁的场景。（　　）

6. Fresco 支持 GIF，图片加载效率高，但包很大，API 不够简洁，用法复杂。（　　）
7. Glide 比 Picasso 更加简洁和轻量，Picasso 比 Glide 功能更为丰富。（　　）
8. Glide 支持 GIF，Picasso 不支持 GIF。（　　）
9. Glide 只能加载网络图片。（　　）
10. Logger 输出的日志不支持从日志跳转到源码。（　　）
11. Logger 框架能够方便地控制日志是否输出。（　　）

（四）简述题

1. 请简述 Volley 的使用步骤。
2. 请描述 JsonObjectRequest()构造方法的 5 个参数的含义，构造方法如下：

```
JsonObjectRequest(int method, String url, JSONObject jsonRequest,Listener<JSONObject>
listener, ErrorListener errorListener)
```

3. 利用 Glide 加载网络图片时，以下代码块中的 3 个括号里需要填写什么内容？

```
Glide.with( )
.load( )
.into( );
```

（五）编程题

1. 请写出解析 JSON 数据的主要逻辑代码。假定 JSON 格式的字符串已经保存在变量 strJson 中。JSON 数据如下：

```
[
    {
        "PostNumber": 215001,
        "Province": "江苏省",
        "City": "苏州市",
        "Address": "廖家巷新光里"
    },
    {
        "PostNumber": 215001,
        "Province": "江苏省",
        "City": "苏州市",
        "Address": "龙兴桥顺德里"
    }
]
```

2. 编写一个程序，将 6 幅图片排列成 3 行 2 列，并对图片做圆形化处理。

项目 6 组件化开发

本项目通过开发通用 UI 组件、封装网络请求组件、封装通用业务组件、在应用中使用 Jetpack 架构组件等任务来帮助读者理解组件化开发的相关内容，重点了解：开发通用 UI 组件的常用方法、封装网络请求组件的方法、封装通用业务组件的方法、Jetpack 架构组件的使用方法。

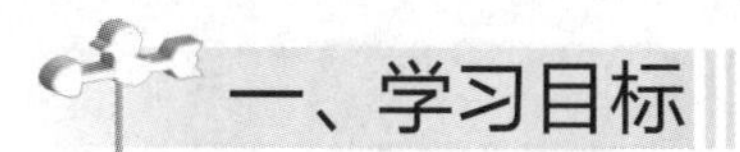

一、学习目标

（一）知识目标

1. 能够掌握开发通用 UI 组件的常用方法。
2. 能够掌握封装网络请求组件的方法。
3. 能够掌握封装通用业务组件的方法。
4. 能够熟悉 Jetpack 架构组件及其作用。

（二）技能目标

1. 能够利用 Java 和 Kotlin 语言开发通用 UI 组件，实现复杂的 UI 效果。
2. 能够封装网络请求组件，发送请求，实现响应，完成业务功能需求。
3. 能够对通用业务组件进行封装，实现通用组件库，提高开发效率。
4. 能够进行组件化定制和改造，理解解耦设计思想。
5. 能够掌握 Jetpack 架构组件封装，解决 Android 开发碎片化问题。

（三）素质目标

培养读者程序设计中的解耦设计思想。

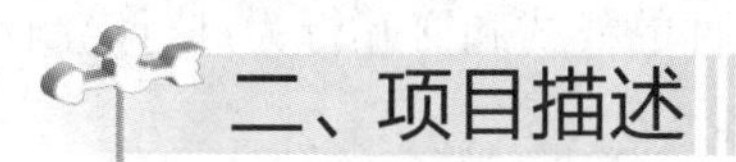

二、项目描述

经过上一个项目的学习，我们已经能够使用常用的框架提高 Android 开发效率了。为了进一步提高开发效率，我们还需要掌握组件化开发的知识。在本项目中，我们将完成 UI 组件的开发、网络请求组件的封装、通用业务组件的封装等任务。

本项目由 4 个任务构成，分别是开发通用 UI 组件、封装网络请求组件、封装通用业务组件、在应用中使用 Jetpack 架构组件。

三、项目实施

任务 1　开发通用 UI 组件

（一）任务描述

把左右两个 Button 和中间的 TextView 组合在一起形成复合 UI 组件标题栏。左右两个按钮的背景图和中间的标题文字可以在布局文件中通过属性自行设置，并为左右两个按钮绑定点击事件。自定义通用 UI 控件效果如图 6-1 所示。

图 6-1　自定义通用 UI 控件效果

自定义通用 UI 组件

（二）问题引导

在实际项目开发中，由于界面样式和交互方式的个性化需求，仅使用 Android 原生的基本控件会导致开发效率低下。此时，需要开发者对原生控件的样式和交互行为进行定制开发，构建符合实际需求的自定义组件，以便提高开发效率。

（三）知识准备

自定义 UI 组件一般分为 3 个步骤：一是自定义标签属性，二是自定义组件类，三是在 XML 布局文件中使用自定义组件。自定义的组件类可以继承 View 及其子类，例如 TextView、Button、ViewGroup、LinearLayout 等。

1. 自定义标签属性

Android 系统原生控件的属性以 android 开头，例如，android:layout_width 表示宽度。我们自定义组件时也可以定义组件的属性。在 values 目录下创建 attrs.xml 文件，编写如下代码：

```
<?xml version="1.0" encoding="utf-8"?>
<resources>
    //LoadingView 标签属性定义
    <declare-styleable name="LoadingView">
        <attr name="loadingViewWidth" format="integer"></attr>
        <attr name="loadingViewHeight" format="integer"></attr>
        <attr name="loadingViewRadius" format="integer"></attr>
        <attr name="loadingViewFillColor" format="color"></attr>
        <attr name="loadingViewTextSize" format="dimension"></attr>
        <attr name="loadingViewTextColor" format="color"></attr>
        <attr name="loadingViewText" format="string"></attr>
    </declare-styleable>
</resources>
```

上述代码中，name 为自定义的名称，format 参数含义见表 6-1。

表 6-1 format 参数含义

参数	含义
boolean	布尔值
color	颜色值
dimension	尺寸值
enum	枚举值
float	浮点值
flag	位或运算
fraction	百分数
integer	整型值
reference	参考某一资源 ID
string	字符串

系统提供了 TypeArray 类，获取到该类的实例后就可通过 getColor()等方法获得布局文件中设置的属性值，代码如下：

```
TypedArray typeArray=context.obtainStyledAttributes
(attrs, R.styleable.LoadingView);
width = typeArray.getInt
(R.styleable.LoadingView_loadingViewWidth,50);
height = typeArray.getInt
(R.styleable.LoadingView_loadingViewHeight,20);
radius = typeArray.getInt
(R.styleable.LoadingView_loadingViewRadius,10);
fillColor = typeArray.getInt
(R.styleable.LoadingView_loadingViewFillColor, Color.GRAY);
```

```
textSize = typeArray.getDimension
(R.styleable.LoadingView_loadingViewTextSize,10);
textColor = typeArray.getInt
(R.styleable.LoadingView_loadingViewTextColor, Color.WHITE);
text = typeArray.getString
(R.styleable.LoadingView_loadingViewText);
```

2. 自定义组件类

自定义组件类一般分为两种情况：一是自定义的类继承自 View 及其子类，例如 View、TextView、Button 等。在这种情况下，通常是通过复写 onMeasure()方法测量 View 的大小，并通过复写 onDraw()方法绘制自定义控件，绘制方法参见项目 2 任务 1 的图形的绘制。二是自定义的类继承自 ViewGroup 或者各种 Layout，例如 LinearLayout、RelativeLayout 等。在这种情况下，通常是把系统原生控件组合在一起形成复合的自定义控件。不管哪种情况，都需要创建构造方法，如果有需求，还可以在此绑定业务逻辑，实现与用户的交互。

复写 onDraw()方法绘制自定义控件如下：

```
public class LoadingView extends View {
    …
@Override
protected void onDraw(Canvas canvas) {
        //在此方法中绘制控件
        super.onDraw(canvas);

        //绘制一个圆角矩形
        RectF rectf = new RectF(0,0,width,height);
        canvas.drawRoundRect(rectf,radius,radius,mPaint);
        mPaint.setColor(textColor);

        //在矩形上绘制文字
        canvas.drawText(text,width/2-mPaint.measureText(text)/2,
 height/2+textSize/2,mPaint);
}
…
}
//把系统原生控件组合在一起形成复合的自定义控件
public class GeneralTopBar extends RelativeLayout {
    …
    //创建按钮
    leftBtn = new Button(context);
    tvTitle = new TextView(context);

    //设置按钮的背景图
```

```
    leftBtn.setBackground(leftBackground);

    //把按钮添加到布局
    LayoutParams leftParams = new LayoutParams
(LayoutParams.WRAP_CONTENT, LayoutParams.WRAP_CONTENT);
    leftParams.addRule(RelativeLayout.ALIGN_PARENT_LEFT);
    leftParams.addRule(RelativeLayout.CENTER_VERTICAL);
    addView(leftBtn, leftParams);

  LayoutParams titleParams = new LayoutParams
(LayoutParams.WRAP_CONTENT, LayoutParams.MATCH_PARENT);
    titleParams.addRule(RelativeLayout.CENTER_IN_PARENT);
    addView(tvTitle, titleParams);//把标题文字添加到布局
    …
}
```

3. 在 XML 布局文件中使用自定义组件

```
<包名.类名
        android:layout_width="match_parent"
        android:layout_height="60dp"
        />
```

（四）任务实施

下面以图 6-1 所示的标题栏为例介绍通用 UI 组件的开发，具体步骤如下。

1. 自定义标签属性

在 res 资源目录下的 values 目录下创建一个 attrs.xml 文件，在该文件中自定义所需属性。

【attrs.xml 文件】

```
<?xml version="1.0" encoding="utf-8"?>
<resources>
<declare-styleable name="GeneralTopBar">
        <!--中间标题属性-->
        <attr name="titleText" format="string"/>
        <attr name="titleTextSize" format="dimension"/>
        <attr name="titleTextColor" format="color"/>

        <!--左边按钮属性-->
        <attr name="leftButtonWidth" format="integer"/>
        <attr name="leftButtonHeight" format="integer"/>
        <attr name="leftBackground" format="reference|color"/>

        <!--右边按钮属性-->
```

```
        <attr name="rightButtonWidth" format="integer"/>
        <attr name="rightButtonHeight" format="integer"/>
        <attr name="rightBackground" format="reference|color"/>
    </declare-styleable>
</resources>
```

自定义属性及说明见表 6-2。

表 6-2 自定义属性及说明

自定义属性	说明
titleText	用于设置标题文本
titleTextSize	用于设置标题文本字号
titleTextColor	用于设置标题文本颜色
leftButtonWidth	用于设置左边按钮的宽度
leftButtonHeight	用于设置左边按钮的高度
leftBackground	用于设置左边按钮的背景
rightButtonWidth	用于设置右边按钮的宽度
rightButtonHeight	用于设置右边按钮的高度
rightBackground	用于设置右边按钮的背景

2. 自定义组件类

如图 6-1 所示，需要将多个控件组合在一起，因此选择 RelativeLayout 作为自定义组件类的父类，以便于控件的摆放。

【GeneralTopBar.java 文件】

在该类中，主要完成以下功能。

（1）创建两个按钮和一个文本框，并将它们添加到布局中

```
//创建控件对象，并添加到布局
private void addViews(Context context) {
    //创建两个按钮和一个文本框
    leftBtn = new Button(context);
    rightBtn = new Button(context);
    tvTitle = new TextView(context);
    //设置按钮的背景图
    leftBtn.setBackground(leftBackground);
    rightBtn.setBackground(rightBackground);
    //设置文本框的文字
    tvTitle.setText(titleText);
    tvTitle.setTextColor(titleTextColor);
    tvTitle.setTextSize(titleTextSize);
    tvTitle.setGravity(Gravity.CENTER);
```

```
    setBackgroundColor(0xff0000ff);
    //利用 LayoutParams 类对各子控件的大小和位置进行设定
    //利用 addView()方法将这些子控件添加到布局中
    LayoutParams leftParams = new LayoutParams(LayoutParams.WRAP_CONTENT,
            LayoutParams.WRAP_CONTENT);
    leftParams.addRule(RelativeLayout.ALIGN_PARENT_LEFT);
    leftParams.addRule(RelativeLayout.CENTER_VERTICAL);
    addView(leftBtn, leftParams);//把左边按钮添加到布局
    LayoutParams rightParams = new LayoutParams(LayoutParams.WRAP_CONTENT,
            LayoutParams.WRAP_CONTENT);
    rightParams.addRule(RelativeLayout.ALIGN_PARENT_RIGHT);
    rightParams.addRule(RelativeLayout.CENTER_VERTICAL);
    addView(rightBtn, rightParams);//把右边按钮添加到布局
    LayoutParams titleParams = new LayoutParams(LayoutParams.WRAP_CONTENT,
            LayoutParams.MATCH_PARENT);
    titleParams.addRule(RelativeLayout.CENTER_IN_PARENT);
    addView(tvTitle, titleParams);//把标题文字添加到布局
    leftBtn.getLayoutParams().width = leftButtonWidth;
    leftBtn.getLayoutParams().height = leftButtonHeight;
    rightBtn.getLayoutParams().width = rightButtonWidth;
    rightBtn.getLayoutParams().height = rightButtonHeight;
    addOnClick();//左右按钮的点击事件
}
```

（2）定义接口暴露给调用者

```
//定义接口
public interface generalTopClickListener{
    void onLeftClick(View view);
    void onRightClick(View view);
}

//给调用者提供一个 set 方法，以便调用者实现接口中的方法
public void setTopClickListener(generalTopClickListener mListener){
      this.mClickListener =mListener;
}

//在左右按钮的点击事件里调用接口的方法
private void addOnClick() {
      leftBtn.setOnClickListener(new OnClickListener() {
          @Override
          public void onClick(View view) {
              mClickListener.onLeftClick(view);
```

```
            }
        });

        rightBtn.setOnClickListener(new OnClickListener() {
            @Override
            public void onClick(View view) {
                mClickListener.onRightClick(view);
            }
        });
    }
```

3. 在 XML 布局文件中使用自定义组件

【activity_my_view.xml 文件】

```
<?xml version="1.0" encoding="utf-8"?>
<LinearLayout xmlns:android="http://schemas.andr*.com/apk/res/android"
    xmlns:app="http://schemas.andr*.com/apk/res-auto"
    xmlns:tools="http://schemas.andr*.com/tools"
    android:layout_width="match_parent"
    android:layout_height="match_parent"
    android:orientation="vertical"
    tools:context=".ui.activity.MyViewActivity">
    <com.example.chapter06.demo01.ui.widget.GeneralTopBar
        android:id="@+id/topbar"
        android:layout_width="match_parent"
        android:layout_height="60dp"
        android:padding="10dp"
        app:leftBackground
            ="@drawable/ic_baseline_arrow_back_ios_24"
        app:rightBackground="@drawable/ic_baseline_menu_24"
        app:leftButtonWidth="30"
        app:leftButtonHeight="30"
        app:titleTextColor="#fff"
        app:titleTextSize="20sp"
        app:titleText="自定义标题"/>
</LinearLayout>
```

4. 在 Activity 中使用自定义标题栏 GeneralTopBar

【MyViewActivity.java 文件】

```
...//省略导入包
public class MyViewActivity extends AppCompatActivity {
    private GeneralTopBar generalTopBar;
    @Override
```

```
    protected void onCreate(Bundle savedInstanceState) {
        super.onCreate(savedInstanceState);
        setContentView(R.layout.activity_my_view);
        //找到自定义标题栏
        generalTopBar = findViewById(R.id.topbar);
        //为标题栏设置点击事件监听器
generalTopBar.setTopClickListener(new GeneralTopBar.generalTopClickListener() {
            @Override
            public void onLeftClick(View view) {
                //点击左边按钮时的逻辑代码
Toast.makeText(MyViewActivity.this, "左边的按钮被点击了", Toast.LENGTH_SHORT).show();
            }
            @Override
            public void onRightClick(View view) {
                //点击右边按钮时的逻辑代码
Toast.makeText(MyViewActivity.this, "右边的按钮被点击了", Toast.LENGTH_SHORT).show();
            }
        });
    }
}
```

（五）知识拓展

除了可以通过组合的方式自定义组件外，复写 onDraw()方法绘制控件也是自定义组件的常用方式。下面给出一个自定义提示框效果如图 6-2 所示。

图 6-2　自定义提示框效果

提示框的宽度、高度、圆角半径、填充色、文字可以在布局文件中通过属性自行设置。

1. 自定义标签属性

【attrs.xml 文件】

```
<?xml version="1.0" encoding="utf-8"?>
<resources>
    <declare-styleable name="PromptView">
        <attr name="promptViewWidth" format="integer"></attr>
        <attr name="promptViewHeight" format="integer"></attr>
        <attr name="promptViewRadius" format="integer"></attr>
        <attr name="promptViewFillColor" format="color"></attr>
        <attr name="promptViewTextSize" format="dimension"></attr>
        <attr name="promptViewTextColor" format="color"></attr>
        <attr name="promptViewText" format="string"></attr>
    </declare-styleable>
</resources>
```

2. 自定义组件类

自定义的组件类其父类为View，复写onMeasure()方法测量View的大小，复写onDraw()方法绘制View的内容。

【PromptView.java 文件】

```
…//省略导入包
public class PromptView extends View {
    private int width, height;//矩形的宽高
    private int radius;//矩形圆角半径
    private int fillColor;//矩形内部填充色
    private float textSize;//文字大小
    private int textColor;//文字颜色
    private String text="加载中";//默认显示的文本
    private Paint mPaint;
    public PromptView(Context context) {
        this(context,null);
    }
    public PromptView(Context context, @Nullable AttributeSet attrs) {
        this(context, attrs,0);
    }
    public PromptView(Context context, @Nullable AttributeSet attrs, int defStyleAttr) {
        super(context, attrs, defStyleAttr);
        setAttrs(context, attrs);
        init();
    }
    private void setAttrs(Context context, AttributeSet attrs) {
        //获取attrs.xml中定义的属性，并存储到TypedArray中
        TypedArray  typeArray=context.obtainStyledAttributes(attrs,  R.styleable.
PromptView);

        //将获得的矩形宽度、高度、圆角半径、填充色、文字字号、文字颜色、文本赋给变量
        width = typeArray.getInt
  (R.styleable.PromptView_promptViewWidth,50);
        height = typeArray.getInt
  (R.styleable.PromptView_promptViewHeight,20);
        radius = typeArray.getInt
  (R.styleable.PromptView_promptViewRadius,10);
        fillColor = typeArray.getInt
  (R.styleable.PromptView_promptViewFillColor, Color.GRAY);
        textSize = typeArray.getDimension
  (R.styleable.PromptView_promptViewTextSize,10);
```

```
        textColor = typeArray.getInt
    (R.styleable.PromptView_promptViewTextColor, Color.WHITE);
        text = typeArray.getString
    (R.styleable.PromptView_promptViewText);
        typeArray.recycle();//回收，避免浪费资源
    }

    @Override
    protected void onDraw(Canvas canvas) {
        //在此方法中绘制控件
        super.onDraw(canvas);
        //根据布局文件指定的宽高创建一个矩形
        RectF rectf = new RectF(0,0,width,height);
        //根据布局文件指定的圆角半径绘制一个圆角矩形
        canvas.drawRoundRect(rectf,radius,radius,mPaint);

        mPaint.setColor(textColor);
        mPaint.setTextSize(textSize);
        //绘制文本
        canvas.drawText(text,width/2-mPaint.measureText(text)/2, height/2+textSize/2,
mPaint);
    }

    private void init() {
        //画笔初始化
        mPaint = new Paint();
        mPaint.setAntiAlias(true);
        //将布局文件指定的矩形填充色设为画笔颜色
        mPaint.setColor(fillColor);
    }
  //测量，确定View的大小
    @Override
    protected void onMeasure(int widthMeasureSpec, int heightMeasureSpec) {
        super.onMeasure(widthMeasureSpec, heightMeasureSpec);
        int widthSpecMode = MeasureSpec.getMode(widthMeasureSpec);
        int heightSpecMode = MeasureSpec.getMode(heightMeasureSpec);
        int widthSpecSize = MeasureSpec.getSize(widthMeasureSpec);
        int heightSpecSize = MeasureSpec.getSize(heightMeasureSpec);
        if(widthSpecMode == MeasureSpec.AT_MOST && heightSpecMode == MeasureSpec.
AT_MOST){
            setMeasuredDimension(300,300);
```

```
        }else if(widthSpecMode == MeasureSpec.AT_MOST){
            setMeasuredDimension(300, heightSpecSize);
        }else if(heightSpecMode == MeasureSpec.AT_MOST){
            setMeasuredDimension(widthSpecSize, 300);
        }
    }
}
```

SpecMode 提供了 3 种模式，具体模式说明见表 6-3。

表 6-3　SpecMode 模式说明

模式	说明
EXACTLY	由父控件确定子控件的大小
AT_MOST	子控件大小可以根据需要而定，最大可以达到指定的大小
UNSPECIFIED	父控件不对子控件施加任何限制，子控件可以是任何想要的大小

3. 在 XML 布局文件中使用自定义组件

```
<?xml version="1.0" encoding="utf-8"?>
<LinearLayout xmlns:android="http://schemas.andr*.com/apk/res/android"
    xmlns:app="http://schemas.andr*.com/apk/res-auto"
    xmlns:tools="http://schemas.andr*.com/tools"
    android:layout_width="match_parent"
    android:layout_height="match_parent"
    android:orientation="vertical"
    tools:context=".ui.activity.MyViewActivity">

    <com.example.chapter09.demo01.ui.widget.PromptView
        android:id="@+id/prompt_view"
        android:layout_width="wrap_content"
        android:layout_height="wrap_content"
        app:promptViewWidth="300"
        app:promptViewHeight="100"
        app:promptViewText="加载中…"
        app:promptViewTextSize="20sp"
        app:promptViewTextColor="@color/white"
        app:promptViewRadius="20"
        app:promptViewFillColor="#f00"
        android:layout_gravity="center_horizontal"
        android:layout_marginTop="20dp"
        />
</LinearLayout>
```

任务2 封装网络请求组件

网络请求组件的封装

（一）任务描述

对 OkHttp 网络请求框架进行二次封装，封装后提供 GET 请求和 POST 请求。对于 GET 请求，用户只需输入请求 url，就可以通过 CallBack 接口获取返回的字符串。对于 POST 请求，用户只需输入请求 url、请求的 bean 实体和结果 bean 的字节码，就可以通过 CallBack 接口获取服务器返回的 JSON 字符串对应的 bean 实体。

（二）问题引导

我们在项目中常常需要请求网络，为了提高开发效率，不可避免地会使用一些第三方框架。第三方框架代码看起来不多，但是如果我们每个请求都这么写，还是会造成代码冗余。另外，如果该框架的 API 发生了更新，那么每个网络请求的地方都要修改，不利于后期的维护。因此，有必要对第三方框架进行二次封装。

（三）知识准备

1. OkHttpClient 对象的创建和初始化

整个项目只需一个 OkHttpClient 对象，不同的网络请求只需创建不同的 Request 对象和 Call 对象。所以我们将 OkHttpClient 对象的创建写成单例模式。

我们的做法是，写一个网络请求的类 NetClient。当第一次使用 NetClient 类时，创建 NetClient 的对象，并且保证始终只有一个实例，okHttpClient 作为 NetClient 对象的成员变量，也只有一个实例。具体代码见任务实施部分。

2. CallBack 的封装

自定义一个接口来代理 OkHttp 的 CallBack 接口，确保代码中不出现与 OkHttp 相关的内容，实现与 OkHttp 的解耦，方便后期的维护和修改。

这部分封装了对成功和失败的回调处理，代码如下：

```
public interface IMyJsonCallBack {
    /*
    连接失败执行的方法
    方法参数用 int 数据类型，相当于一个标识
     */
    void onFailure(int code);
    /*
    连接成功执行的方法
    方法参数根据需求写，可以是字符串，也可以是输入流等
     */
    void onSuccess(T responceBean);
}
```

在这个部分，可以根据业务需求设置不同类型的参数。在我们这个例子中，需要返回结果 bean 实体。对于不同的请求，Bean 类的属性有可能不同，因此在这里使用泛型 T。

3. 发送网络请求的封装

网络请求主要包括 GET 请求和 POST 请求。我们的做法是在网络请求的类 NetClient 中分别写两个方法来实现这两种请求。另外需要注意的是，OkHttp 框架在回调完成后是处于子线程中的，而 UI 操作必须在主线程进行，所以我们需要把请求结果传递给主线程。最后为了方便应用层的使用，我们在框架层将服务器返回的 JSON 格式的字符串解析成对应的实体对象，这样在应用层中就可以直接操作 Bean 类的属性了。

（四）任务实施

如图 6-3 所示，通过二次封装的网络框架，分别发送 GET 请求和 POST 请求。

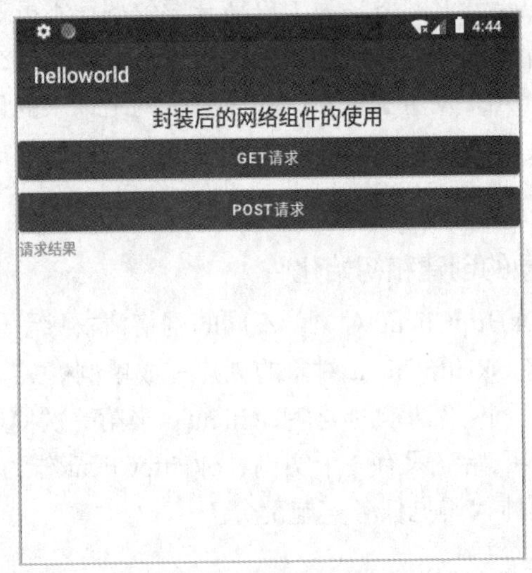

图 6-3　网络请求界面

1. 完成界面设计

使用垂直方向的线性布局，放置两个 TextView 和两个 Button。

【activity_access_network.xml 文件】

```
<?xml version="1.0" encoding="utf-8"?>
<LinearLayout xmlns:android="http://schemas.andr*.com/apk/res/android"
    xmlns:app="http://schemas.andr*.com/apk/res-auto"
    xmlns:tools="http://schemas.andr*.com/tools"
    android:layout_width="match_parent"
    android:layout_height="match_parent"
    android:orientation="vertical"
    tools:context=".ui.activity.AccessNetworkActivity">
<TextView
        android:id="@+id/textView"
        android:layout_width="wrap_content"
        android:layout_height="wrap_content"
        android:text="封装后的网络组件的使用"
        android:textColor="@color/black"
```

```
        android:layout_gravity="center_horizontal"
        android:textSize="20sp" />

    <Button
        android:id="@+id/btnGet"
        android:layout_width="match_parent"
        android:layout_height="wrap_content"
        android:text="GET 请求" />

    <Button
        android:id="@+id/btnPost"
        android:layout_width="match_parent"
        android:layout_height="wrap_content"
        android:text="POST 请求" />

    <TextView
        android:id="@+id/tvResponse"
        android:layout_width="match_parent"
        android:layout_height="match_parent"
        android:text="请求结果" />
</LinearLayout>
```

2. 完成 CallBack 的封装

自定义一个接口来代理 OkHttp 的 CallBack 接口，确保代码中不出现与 OkHttp 相关的内容，实现与 OkHttp 的解耦，方便后期的维护和修改，主要封装了对成功和失败的回调处理。在我们这个例子中，需要返回结果 bean 实体。对于不同的请求，Bean 类的属性有可能不同，因此在这里使用泛型 T。

【IMyJsonCallBack.java 文件】

```
public interface IMyJsonCallBack<T> {
    /*
    连接失败执行的方法
     */
    void onFailure(int code);
    /*
    连接成功执行的方法
    方法参数根据需求写，可以是字符串，也可以是输入流等
     */
    void onSuccess(T responceBean);
}
```

如果返回的结果是 String 类型的，则使用 IMyStringCallBack.java。

【IMyStringCallBack.java 文件】

```
import java.io.InputStream;
public interface IMyStringCallBack {
    //连接失败执行的方法
    void onFailure(int code);//方法参数用 int 数据类型，相当于是一个标识
    //连接成功执行的方法
    void onSuccess(String string);
}
```

3. 创建 NetClient 类

在 NetClient 类中，完成创建 OkHttpClient 对象并对其初始化的封装，以及发送网络请求的封装。

封装后，如果发送 GET 请求，则需要传入请求 url，并通过自定义的 CallBack 接口获取到返回的字符串。所以对应 GET 请求的方法 callNetByGet()需要两个参数，一个是请求 url，另一个是自定义的 CallBack 接口 IMyStringCallBack。

如果发送 POST 请求，则传入请求 url、请求的 bean 实体和结果 bean 类的字节码，并通过自定义的 CallBack 接口获取服务器返回的 JSON 字符串对应的 bean 实体。所以对应 POST 请求的方法 callNetByPost()需要 4 个参数，分别是请求 url、请求类实体对象 RequestBean（用来生成请求体 RequestBody）、ResponseBean 字节码（用来将 JSON 数据解析成对应的结果实体对象）、自定义的 CallBack 接口 IMyJsonCallBack。

【NetClient.java 文件】

```
import android.os.Handler;
import android.os.Looper;

import com.alibaba.fastjson.JSON;
import com.alibaba.fastjson.JSONObject;
import com.example.helloworld.bean.RequestBean;

import java.io.IOException;
import java.util.concurrent.TimeUnit;

import okhttp3.Call;
import okhttp3.Callback;
import okhttp3.MediaType;
import okhttp3.OkHttpClient;
import okhttp3.Request;
import okhttp3.RequestBody;
import okhttp3.Response;

public class NetClient {
```

```
private static NetClient netClient;
private NetClient(){
    client = initOkHttpClient();
}
public final OkHttpClient client;
private OkHttpClient initOkHttpClient(){
    //初始化
    OkHttpClient okHttpClient = new OkHttpClient.Builder()
            //设置响应超时为10s
            .readTimeout(10000, TimeUnit.MILLISECONDS)
            //设置连接超时为10s
            .connectTimeout(10000, TimeUnit.MILLISECONDS)
            //确保支持重定向
            .followRedirects(true)
            .build();
    return okHttpClient;
}

//确保只有一个NetClient实例
public static NetClient getNetClient(){
    if(netClient == null){
        netClient = new NetClient();
    }
    return netClient;
}

//线程切换
private Handler handler = new Handler(Looper.getMainLooper());

//发送网络请求的封装(GET请求)
public void callNetByGet(String url, final IMyStringCallBack mCallback){
    Request request = new Request.Builder().url(url).build();
    Call call = getNetClient().initOkHttpClient().newCall(request);
    call.enqueue(new Callback() {
        @Override
        public void onFailure(Call call, IOException e) {
            //对请求失败的处理
            mCallback.onFailure(-1);
        }
        @Override
        public void onResponse(Call call, Response response) throws IOException {
```

```
                if (response.code() == 200) {
                    //如果是200说明正常，调用自定义CallBack的成功方法，传入数据
                    final String string = response.body().string();
                    //将结果传递给主线程
                    handler.post(new Runnable() {
                        @Override
                        public void run() {
                            mCallback.onSuccess(string);
                        }
                    });
                }else{
                    //如果不是200说明异常，调用自定义CallBack的失败方法将响应码传入
                    mCallback.onFailure(response.code());
                }
            }
        });
    }

    //发送网络请求的封装（POST请求）
    public <T> void callNetByPost(String url, RequestBean requestBean, Class<T>
responseBean, final IMyJsonCallBack mCallback){
        MediaType typeJSON = MediaType.Companion.parse("application/json; charset=
utf-8");
        RequestBody  requestBody=  RequestBody.Companion.create(JSONObject.toJSON
String(requestBean),typeJSON);//4.0版本用这个
        //RequestBody  requestBody=  RequestBody.create(MediaType.parse("application/
json; charset=utf-8"),JSONObject.toJSONString(requestBean));//4.0版本已弃用
        Request request = new Request.Builder().url(url).post(requestBody).build();
        Call call = getNetClient().initOkHttpClient().newCall(request);
        call.enqueue(new Callback() {
            @Override
            public void onFailure(Call call, IOException e) {
                //对网络请求失败的处理
                handler.post(new Runnable() {
                    @Override
                    public void run() {
                        mCallback.onFailure(-1);
                    }
                });

            }
```

```
            @Override
            public void onResponse(Call call, Response response) throws IOException {
                if (response.code() == 200) {
                    //如果是200说明正常，调用自定义CallBack的成功方法，传入数据
                    final String string = response.body().string();
                    //将结果传递给主线程
                    handler.post(new Runnable() {
                        @Override
                        public void run() {
                            final T responceObject = JSON.parseObject(string,responseBean);
                            mCallback.onSuccess(responceObject);
                        }
                    });
                }else{
                    //如果不是200说明异常，调用自定义CallBack的失败方法将响应码传入
                    handler.post(new Runnable() {
                        @Override
                        public void run() {
                            mCallback.onFailure
(response.code());
                        }
                    });
                }
            }
        });
    }
}
```

使用以上代码，需要在Gradle文件中添加依赖，代码如下：

```
dependencies {
    …
    //网络访问框架
    implementation("com.squareup.okhttp3:okhttp:4.9.0")
    //JSON
    implementation 'com.alibaba:fastjson:1.2.32'
}
```

4. 封装后网络框架的应用

拿到NetClient实例，根据需求调用其callNetByGet()方法发送GET请求，调用其callNetByPost()方法发送POST请求。

【AccessNetworkActivity.java文件】

```
import android.os.Bundle;
```

```
import android.view.View;
import android.widget.Button;
import android.widget.TextView;

import com.example.chapter09.demo02.R;
import com.example.chapter09.demo02.common.net.core.IMyJsonCallBack;
import com.example.chapter09.demo02.common.net.core.IMyStringCallBack;
import com.example.chapter09.demo02.common.net.core.NetClient;
import com.example.helloworld.bean.RequestBean;
import com.example.helloworld.bean.ResponseBean;
import com.example.helloworld.ui.activity.base.BaseActivity;

public class AccessNetworkActivity extends BaseActivity implements View.OnClick
Listener {
    private Button btnGet, btnPost;
    private TextView tvResponse;

    @Override
    protected void onCreate(Bundle savedInstanceState) {
        super.onCreate(savedInstanceState);
        setContentView(R.layout.activity_access_network);

        tvResponse = findViewById(R.id.tvResponse);
        btnGet = findViewById(R.id.btnGet);
        btnPost = findViewById(R.id.btnPost);
        btnGet.setOnClickListener(this);
        btnPost.setOnClickListener(this);
    }

    @Override
    public void onClick(View v) {
        switch (v.getId()){
            case R.id.btnGet:
                //GET 请求
                String getUrl = "https://www.qq.com";
                //拿到 NetClient 实例，调用其 callNetByGet()方法发送 GET 请求
                NetClient.getNetClient().callNetByGet(getUrl, new IMyStringCallBack(){
                    @Override
                    public void onFailure(int code) {
                        tvResponse.setText("错误代码："+code);
                    }
```

```
                    @Override
                    public void onSuccess(String string) {
                        tvResponse.setText(string);
                    }
                });
                break;
            case R.id.btnPost:
                //POST 请求
                String postUrl = "http://169.254.19.44:8080/Login/LoginServlet";
                RequestBean requestBean = new RequestBean("zhangsan","123");
                //拿到 NetClient 实例，调用其 callNetByPost()方法发送 POST 请求
                NetClient.getNetClient().callNetByPost(postUrl, requestBean, ResponseBean.
class, new IMyJsonCallBack<ResponseBean>() {
                    @Override
                    public void onFailure(int code) {
                        tvResponse.setText("错误代码："+code);
                    }

                    @Override
                    public void onSuccess(ResponseBean responceBean) {
                        //通过 responceBean 可以方便地拿到实体属性
                        tvResponse.setText(responceBean.getMSG());
                    }
                });
                break;
        }
    }
}
```

5. ResponseBean 和 RequestBean

下面给出本例中用到的 ResponseBean 和 RequestBean。在实际开发中，根据需求编写代码。

【ResponseBean.java 文件】

```
public class ResponseBean {
    private String MSG;
    private String result;

    public String getMSG() {
        return MSG;
    }
```

```
    public void setMSG(String MSG) {
        this.MSG = MSG;
    }

    public String getResult() {
        return result;
    }

    public void setResult(String result) {
        this.result = result;
    }
}
```

【RequestBean.java 文件】

```
public class RequestBean {
    String userName;
    String passWord;

    public RequestBean(String userName, String passWord) {
        this.userName = userName;
        this.passWord = passWord;
    }

    public String getUserName() {
        return userName;
    }

    public void setUserName(String userName) {
        this.userName = userName;
    }

    public String getPassWord() {
        return passWord;
    }

    public void setPassWord(String passWord) {
        this.passWord = passWord;
    }
}
```

6. 在 AndroidManifest.xml 清单文件的 manifest 节点中添加访问网络的权限

```
<uses-permission android:name="android.permission.INTERNET" />
```

（五）知识拓展

1. 什么是耦合

在软件工程中，耦合指的是程序间的依赖关系，包括类之间的依赖和方法之间的依赖。依赖程度越高说明耦合度越高，维护成本也越高。

2. 什么是解耦

在软件工程中，降低耦合度即可理解为解耦。在程序设计中，要尽可能降低耦合度，如果发现代码耦合，就要采取解耦技术。

3. 怎么实现低耦合

在整体设计上，将整个业务应用划分为表现层（UI）、业务逻辑层（BLL）及数据访问层（DAL），降低层与层之间的依赖。

在代码实现上，可以通过 CallBack 接口回调实现解耦。具体做法是，声明一个 ICallBack 接口，中间使用类 AClass 在其方法 methodA()中只针对 ICallBack 接口进行编程，在 methodA()方法中以 ICallBack 接口为参数，方法体调用接口的方法来完成自己的业务逻辑。最外层是调用这个使用类的 BClass 类，在 BClass 类中调用 methodA()方法时，发现该方法有一个接口参数的变量，因此必须实现这个接口，并且在调用 methodA()方法时将 ICallBack 对象传入。

这样，中间使用类 AClass 依赖 IcallBack 接口，调用这个使用类的 BClass 类也依赖 IcallBack 接口。methodB()方法不需要关心 methodA()方法是如何工作的，它只是接收 methodA()返回的结果，当 methodA()的工作过程发生变化时，对 methodB()没有影响，因此能有效地解耦。代码如下：

```
//接口 ICallBack
public interface ICallBack <T> {
    public void doSomething(T t);
}

//中间使用类 AClass
public class AClass {
    private static AClass a;
    public static AClass getAClassInstance(){
        if(a == null){
            a = new AClass();
        }
        return a;
    }
    public void methodA(ICallBack mCallback){
```

```
        String string = "done!";
        mCallback.doSomething(string);
    }
}

//调用中间使用类的类 BClass
public class BClass{
    public void methodB() {
        Log.d("mytag","开始工作");
        AClass.getAClassInstance().methodA(new ICallBack<String>() {
            @Override
            public void doSomething(String string) {
                Log.d("mytag","获得的结果是: "+string);
            }
        });
    }
}
```

任务3 封装通用业务组件

通用业务组件的封装-1

通用业务组件的封装-2

通用业务组件的封装-3

（一）任务描述

工程下包含“美食”和“电影”两个业务组件，以及一个通用组件库。两个业务组件各司其职，相互独立，通用组件库包含了各种开源库以及与业务无关的各种自主研发的工具，供业务组件调用。两个业务组件之间通过阿里路由框架 ARouter 实现组件之间的跳转。

（二）问题引导

在实际开发中，随着项目需求的增加和变化，项目会越来越大，代码越来越臃肿，耦合度越来越高。如果修改某个业务，则会导致其他业务受影响，并且对工程所做的任何修改都要编译整个工程，覆盖所有业务测试，从而导致开发效率降低。为了解决这些问题，我们需要进行项目的重构和模块的拆分，每个业务对应一个模块，使工程下的各个业务组件（业务模块）相互独立，没有关联，这些业务组件可以调用通用组件库的工具。各个业务组件既可以单独编译运行，也可以集成到 App 工程中运行，从而提高开发效率。

（三）知识准备

1. 典型的组件化架构

组件化之前，所有业务集中在一个模块（Module）中。业务之间能直接相互调用，代码高度耦合，并且不能灵活对工程进行配置和组装。

组件化之后，将不同的业务组件对应不同的 Module，通过 App 壳管理各个业务组件和打包 APK，通过通用组件库提供基础功能服务，如图 6-4 所示。

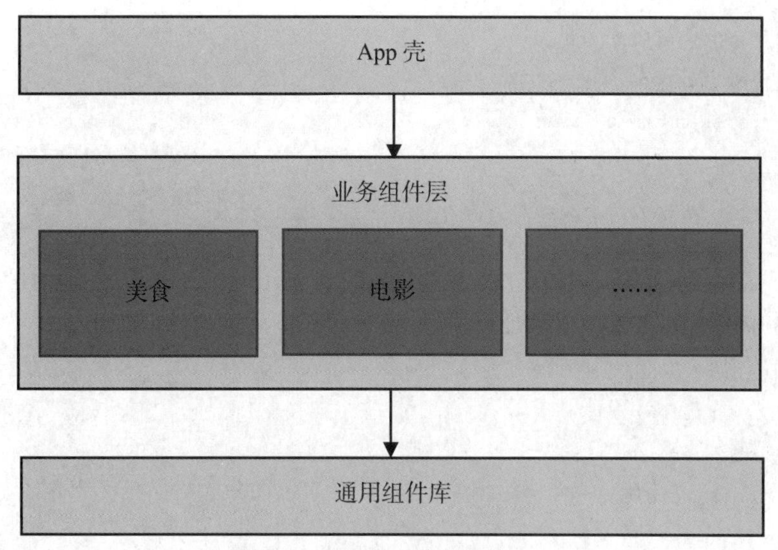

图 6-4 典型的组件化架构

- App 壳：负责管理各个业务组件和打包 APK，没有具体的业务功能。
- 业务组件层：根据不同的业务划分成独立的业务组件，每个组件都能独立编译运行，组件之间不能直接调用。
- 通用组件库：包含了各种开源库以及与业务无关的各种自主研发的工具，供业务组件调用。

组件化给我们带来的好处显而易见。

- 符合单一责任原则：各个组件专注自身功能的实现，模块中代码高度聚合，只负责一项业务。
- 加快编译速度：每个业务功能都能独立编译运行。
- 提高协作效率：各业务研发可以互不干扰，团队成员只需专注自身负责的业务，从而降低团队成员熟悉项目的成本。
- 提高代码的复用性：通用功能都封装在通用组件库中，业务组件添加了对通用组件库的依赖便可以直接调用。
- 降低维护成本：由于业务功能的独立性，对一个业务的修改和增删不会影响其他业务。

2. 统一管理所有版本号

组件化后，每个业务组件对应一个 Module，需要对各个模块的 SDK 的版本号进行统一管理，做法是在主工程的 gradle.properties 文件中，以键值对的方式设置好版本号，然后在各个模块的 Gradle 文件中引用。

默认情况下，SDK 的版本号直接用数字表示，代码如下：

```
android {
    compileSdkVersion 30
    buildToolsVersion "30.0.2"
    defaultConfig {
        applicationId "com.example.module_movie"
        minSdkVersion 16
```

```
        targetSdkVersion 30
        versionCode 1
        versionName "1.0"
        …
    }
}
```

我们把需要统一的版本号在主工程的 gradle.properties 文件中以键值对的方式规定好，在这个文件中定义的常量可以被任何一个 build.gradle 读取，代码如下：

```
compile_sdk_version = 30
min_sdk_version = 16
target_sdk_version = 30
build_tools_version = 30.0.2
constraint_version = 1.1.3
```

规定好后，就可以在各个模块的 Gradle 文件中引用了，直接使用键名就可以获得对应的值。但需要注意的是，所有取出来的值都是 String 字符串形式的，所以如果我们想获得整型数据，必须用 toInteger()方法进行转换，代码如下：

```
android {
    compileSdkVersion compile_sdk_version.toInteger()
    buildToolsVersion build_tools_version

    defaultConfig {
        …
        minSdkVersion min_sdk_version.toInteger()
        targetSdkVersion target_sdk_version.toInteger()
        versionCode 1
        versionName "1.0"
…
    }
}
```

对于第三方库也可以统一管理其版本号，代码如下：

```
dependencies {
    …
    api "com.android.support.constraint:constraint-layout: $constraint_version"
    …
}
```

由于 constraint_version 写在双引号中，所以需要在其前面加上$，这样才能取出 constraint_version 这个键对应的值。

3. 灵活切换业务组件的模式

我们希望业务组件在开发过程中能独立运行调试，独立开发调试完成后，能以插件的形式进行集成调试。

通过 Gradle 能实现这两种模式之间的灵活切换。Android Gradle 提供了两种插件，在开发中可以通过配置不同的插件来切换不同的模式。

- Application 插件：其 id 是 com.android.application。
- Library 插件：其 id 是 com.android.library。

配置为 Application 插件意味着该模块能独立运行调试，项目构建后会输出一个 APK 安装包；配置为 Library 插件则意味着该模块以插件的形式进行集成调试，构建后输出 ARR 包。

4. 在业务组件中使用通用组件库定义好的功能

想要在业务组件中使用通用组件库定义好的功能，就需要在业务组件的 Gradle 文件中添加对通用组件库的依赖，代码如下：

```
dependencies {
    …
    /*添加对通用组件库的依赖*/
    implementation project(path: ':lib_common')
    …
}
```

lib_common 是通用组件库的模块名。

此外，通用组件库需要以 api 的方式添加对第三方库的依赖。在通用组件库中添加第三方库即可，依赖通用组件库的业务模块不需要再添加，代码如下：

```
dependencies {
   …
   api 'com.squareup.okhttp3:okhttp:4.9.0'
   …
}
```

5. 各业务组件之间的跳转

各业务组件解耦后，无法再通过 startActivity()方法打开其他组件的 Activity。这时，可以通过阿里巴巴提供的一个路由框架 ARouter 来实现业务组件之间的跳转。

（1）使用 ARouter 前添加两个依赖——路由和注解处理器

在通用组件库的 build.gradle 中添加依赖，代码如下：

```
//路由
api "com.alibaba:arouter-api:$arouter_api"
```

在业务组件的 build.gradle 中添加依赖，代码如下：

```
//注解处理器，在每个需要跳转的 module 中都加上，不能只在通用组件库中加
annotationProcessor "com.alibaba:arouter-compiler:$arouter_processor_version"
```

为业务组件配置路径映射的前缀，代码如下：

```
android {
    defaultConfig {
```

```
        //配置路径映射的前缀，用于 ARouter 跳转找到路径
        javaCompileOptions {
            annotationProcessorOptions {
                arguments = [AROUTER_MODULE_NAME: project.getName()]
            }
        }
    }
}
```

（2）为需要跳转的 Activity 添加注解

需要注意的是，路径至少两级，即/xx/xx，代码如下：

```
@Route(path = "/ModuleFood/FoodActivity")
public class FoodActivity extends AppCompatActivity{
}
```

（3）在 Application 中初始化

```
ARouter.init(this);
```

（4）在需要跳转的地方使用 ARouter

```
ARouter.getInstance().build("/ModuleFood/FoodActivity ").navigation();
```

（四）任务实施

1. 在新项目中新建两个业务模块和一个通用组件库模块

（1）新建业务模块

选择菜单 File|New|New Module...，如图 6-5 所示。

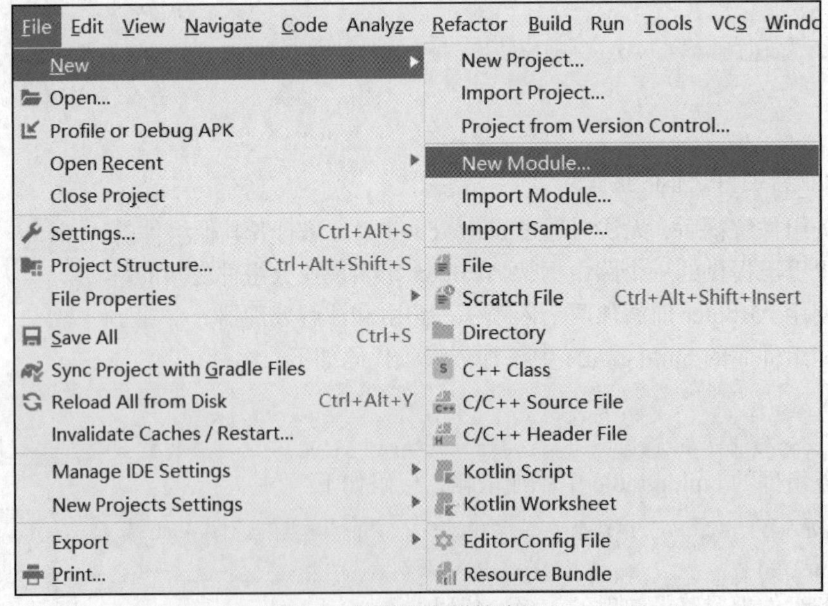

图 6-5　新建业务模块步骤 1

在弹出的窗口中选择 Phone&Tablet Module，如图 6-6 所示。

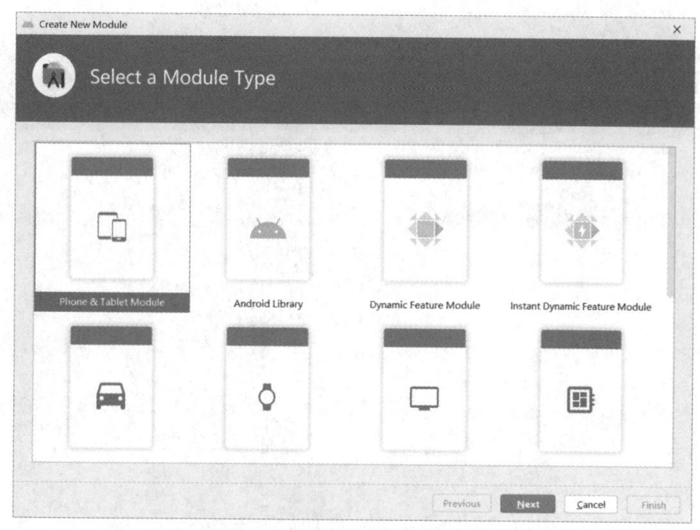

图 6-6 新建业务模块步骤 2

单击 Next 按钮后，在弹出的窗口中设置 Application/Library name 和 Module name，如图 6-7 所示。

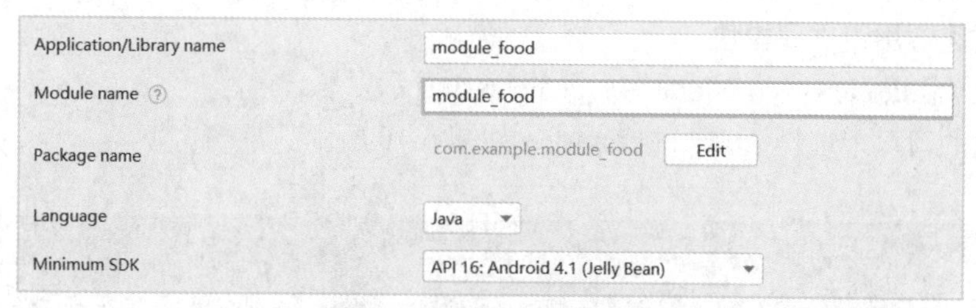

图 6-7 新建业务模块步骤 3

单击 Next 按钮后，在弹出的窗口中选择 Empty Activity，如图 6-8 所示。

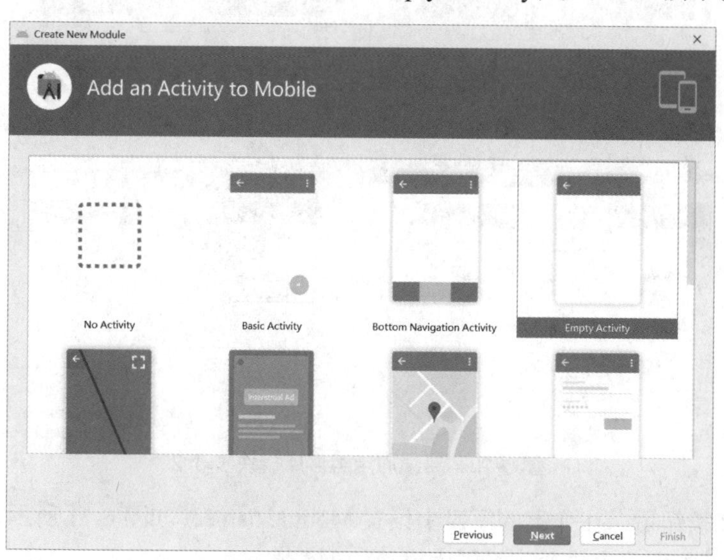

图 6-8 新建业务模块步骤 4

单击 Next 按钮后，在弹出的窗口中设置 Activity Name 和 Layout Name，如图 6-9 所示。

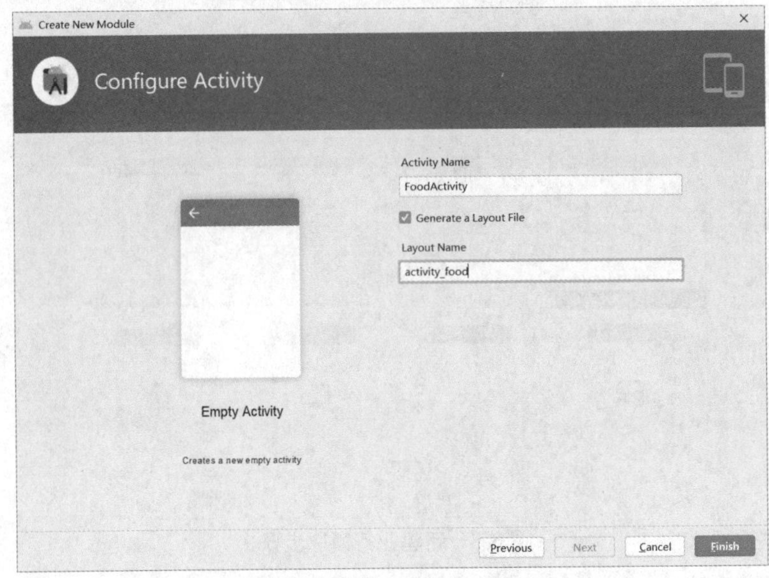

图 6-9　新建业务模块步骤 5

单击 Finish 按钮，完成一个业务模块的创建。其他业务模块的创建方法与此相同。

（2）新建通用组件库模块

选择菜单 File|New|New Module...，如图 6-5 所示。

在弹出的窗口中选择 Android Library，如图 6-10 所示。

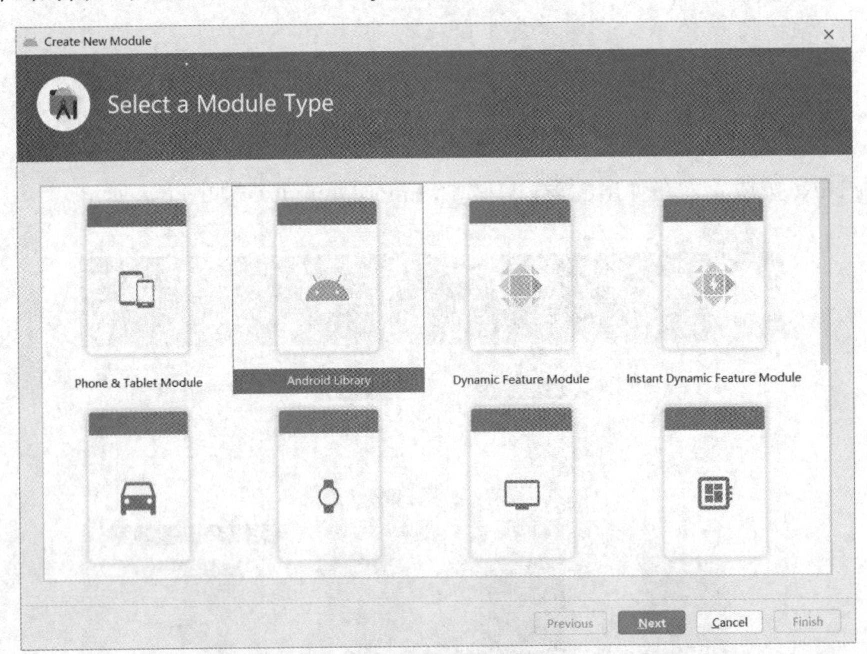

图 6-10　新建通用组件库模块步骤 2

单击 Next 按钮后，在弹出的窗口中设置 Module name，如图 6-11 所示。

单击 Finish 按钮，完成通用组件库模块的创建。

创建完成后，工程目录结构图如图 6-12 所示。

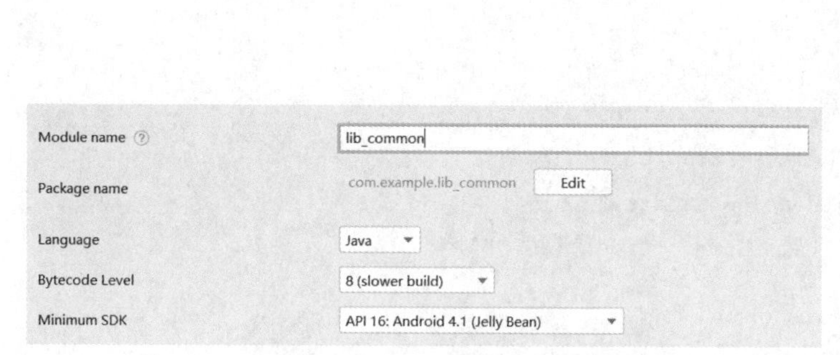

图 6-11 新建通用组件库模块步骤 3

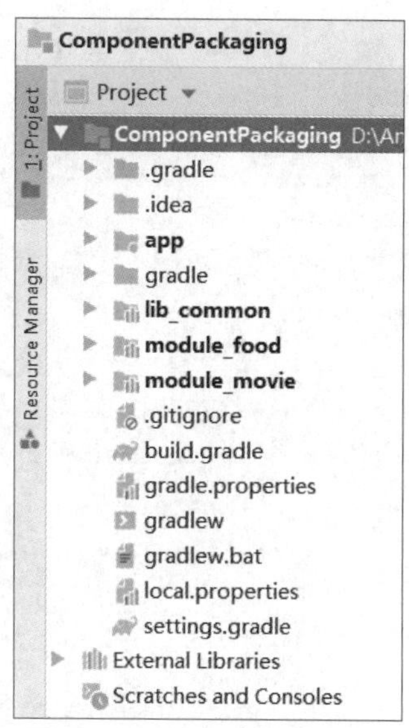

图 6-12 工程目录结构图

2. 设置布局

一共有 3 个布局，如图 6-13（a）、图 6-13（b）、图 6-13（c）所示。图 6-13（a）是 App 壳的布局，图 6-13（b）是美食模块的布局，图 6-13（c）是电影模块的布局。

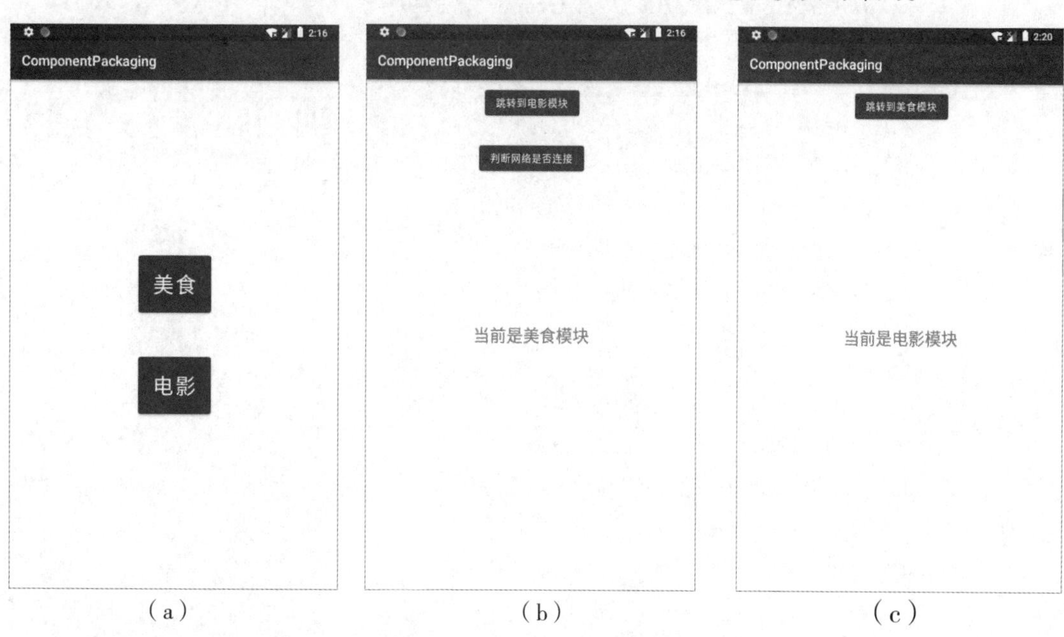

图 6-13 组件化界面布局图

App 壳的布局代码如下：

【activity_main.xml 文件】

```
<?xml version="1.0" encoding="utf-8"?>
<androidx.constraintlayout.widget.ConstraintLayout    xmlns:android="http://schemas.
andr*.com/apk/res/android"
```

```
    xmlns:app="http://schemas.andr*.com/apk/res-auto"
    xmlns:tools="http://schemas.andr*.com/tools"
    android:layout_width="match_parent"
    android:layout_height="match_parent"
    tools:context=".MainActivity">

    <androidx.constraintlayout.widget.Guideline
        android:id="@+id/guideline"
        android:layout_width="wrap_content"
        android:layout_height="wrap_content"
        android:orientation="horizontal"
        app:layout_constraintGuide_percent="0.3" />

    <androidx.constraintlayout.widget.Guideline
        android:id="@+id/guideline2"
        android:layout_width="wrap_content"
        android:layout_height="wrap_content"
        android:orientation="horizontal"
        app:layout_constraintGuide_percent="0.5" />

    <androidx.constraintlayout.widget.Guideline
        android:id="@+id/guideline3"
        android:layout_width="wrap_content"
        android:layout_height="wrap_content"
        android:orientation="horizontal"
        app:layout_constraintGuide_percent="0.7" />

    <Button
        android:id="@+id/button"
        android:layout_width="wrap_content"
        android:layout_height="wrap_content"
        android:text="美食"
        android:padding="20dp"
        android:textSize="30sp"
        android:onClick="jumpToFood"
        app:layout_constraintBottom_toTopOf="@+id/guideline2"
        app:layout_constraintEnd_toEndOf="parent"
        app:layout_constraintStart_toStartOf="parent"
        app:layout_constraintTop_toTopOf="@+id/guideline" />

    <Button
```

```
        android:id="@+id/button2"
        android:layout_width="wrap_content"
        android:layout_height="wrap_content"
        android:text="电影"
        android:padding="20dp"
        android:textSize="30sp"
        android:onClick="jumpToMovie"
        app:layout_constraintBottom_toTopOf="@+id/guideline3"
        app:layout_constraintEnd_toEndOf="parent"
        app:layout_constraintStart_toStartOf="parent"
        app:layout_constraintTop_toTopOf="@+id/guideline2" />
</androidx.constraintlayout.widget.ConstraintLayout>
```

美食模块的布局代码如下：

【activity_food.xml 文件】

```
<?xml version="1.0" encoding="utf-8"?>
<androidx.constraintlayout.widget.ConstraintLayout
xmlns:android="http://schemas.andr*.com/apk/res/android"
    xmlns:app="http://schemas.andr*.com/apk/res-auto"
    xmlns:tools="http://schemas.andr*.com/tools"
    android:layout_width="match_parent"
    android:layout_height="match_parent"
    tools:context=".FoodActivity">

    <TextView
        android:id="@+id/textView"
        android:layout_width="wrap_content"
        android:layout_height="wrap_content"
        android:text="当前是美食模块"
        android:textSize="24sp"
        app:layout_constraintBottom_toBottomOf="parent"
        app:layout_constraintLeft_toLeftOf="parent"
        app:layout_constraintRight_toRightOf="parent"
        app:layout_constraintTop_toTopOf="parent" />

    <Button
        android:id="@+id/button"
        android:layout_width="wrap_content"
        android:layout_height="wrap_content"
        android:layout_marginTop="8dp"
        android:onClick="jumpToMovie"
```

```
        android:text="跳转到电影模块"
        app:layout_constraintEnd_toEndOf="parent"
        app:layout_constraintStart_toStartOf="parent"
        app:layout_constraintTop_toTopOf="parent" />

    <Button
        android:id="@+id/button2"
        android:layout_width="wrap_content"
        android:layout_height="wrap_content"
        android:layout_marginTop="30dp"
        android:text="判断网络是否连接"
        android:onClick="isNetCon"
        app:layout_constraintEnd_toEndOf="parent"
        app:layout_constraintStart_toStartOf="parent"
        app:layout_constraintTop_toBottomOf="@+id/button" />
</androidx.constraintlayout.widget.ConstraintLayout>
```

电影模块的布局代码如下：

【activity_movie.xml 文件】

```
<?xml version="1.0" encoding="utf-8"?>
<androidx.constraintlayout.widget.ConstraintLayout  xmlns:android="http://schemas.
andr*.com/apk/res/android"
    xmlns:app="http://schemas.andr*.com/apk/res-auto"
    xmlns:tools="http://schemas.andr*.com/tools"
    android:layout_width="match_parent"
    android:layout_height="match_parent"
    tools:context=".MovieActivity">

    <TextView
        android:id="@+id/textView"
        android:layout_width="wrap_content"
        android:layout_height="wrap_content"
        android:text="当前是电影模块"
        android:textSize="24sp"
        app:layout_constraintBottom_toBottomOf="parent"
        app:layout_constraintLeft_toLeftOf="parent"
        app:layout_constraintRight_toRightOf="parent"
        app:layout_constraintTop_toTopOf="parent" />

    <Button
        android:id="@+id/button"
        android:layout_width="wrap_content"
```

```
        android:layout_height="wrap_content"
        android:layout_marginTop="8dp"
        android:onClick="jumpToFood"
        android:text="跳转到美食模块"
        app:layout_constraintEnd_toEndOf="parent"
        app:layout_constraintStart_toStartOf="parent"
        app:layout_constraintTop_toTopOf="parent" />
</androidx.constraintlayout.widget.ConstraintLayout>
```

3. 统一版本号

① 在主工程的 gradle.properties 文件中设置版本号常量，代码如下：

```
compile_sdk_version = 30
min_sdk_version = 16
target_sdk_version = 30
build_tools_version = 30.0.2
constraint_version = 1.1.3
arouter_processor_version = 1.2.2
arouter_api = 1.4.0
```

② 在 App 壳、通用组件库模块、美食模块和电影模块的 build.gradle 文件中引用版本号。4 个 build.gradle 文件都需要修改，代码如下：

```
android {
    compileSdkVersion compile_sdk_version.toInteger()
    buildToolsVersion build_tools_version

    defaultConfig {
        …
        minSdkVersion min_sdk_version.toInteger()
        targetSdkVersion target_sdk_version.toInteger()
        versionCode 1
        versionName "1.0"
…
    }
}
```

4. 切换业务组件的模式，使业务能在独立开发调试和集成调试之间灵活切换

下面以美食模块为例对操作步骤进行介绍。电影模块做相同操作即可。第一步，在主工程的 gradle.properties 中为美食模块定义一个常量值 isF，代码如下：

```
//Food 业务组件独立调试开关
isFoodRunAlone =false
```

第二步，在美食模块的 build.gradle 文件中读取 isFoodRunAlone，设置成对应类型的插件。美食模块的 build.gradle 文件的代码如下：

```
//判断是使用 application 还是使用 library
if (isFoodRunAlone.toBoolean()){
    apply plugin: 'com.android.application'
}else {
    apply plugin: 'com.android.library'
}
android {
    …
    defaultConfig {
        //如果是使用 application 则需要 applicationId
        if (isFoodRunAlone.toBoolean()){
            applicationId "com.example.module_food"
        }
}
```

一个 App 是需要一个 ApplicationId 的，组件在独立调试时也是一个 App，因此也需要一个 ApplicationId，而集成调试时是不需要的。

还需要注意的是，gradle.properties 中的数据类型都是 String 类型，如果我们想获得布尔类型的数据，必须用 toBoolean()方法进行转换。

第三步，创建 AndroidManifest.xml 文件。

一个 App 需要一个启动页，组件在独立调试时也需要一个启动页，而在集成调试时则不需要。启动页是在 AndroidManifest.xml 中配置的，因此，我们需要两个 AndroidManifest.xml。

其中一个 AndroidManifest.xml 在我们创建美食模块时就已经自动创建好了，代码如下：

```
<?xml version="1.0" encoding="utf-8"?>
<manifest xmlns:android="http://schemas.andr*.com/apk/res/android"
    package="com.example. module_food">
    <application
        android:allowBackup="true"
        android:icon="@mipmap/ic_launcher"
        android:label="@string/app_name"
        android:roundIcon="@mipmap/ic_launcher_round"
        android:supportsRtl="true"
        android:theme="@style/Theme.ComponentPackaging">
        <activity android:name=".FoodActivity">
            <intent-filter>
                <action android:name="android.intent.action.MAIN" />
                <category android:name="android.intent.category.LAUNCHER" />
            </intent-filter>
        </activity>
    </application>
</manifest>
```

对于另一个 AndroidManifest.xml，我们把它创建在 main 目录下的 manifest 目录中。右击美食模块的 main 目录，选择 New|Directory 选项，如图 6-14 所示。

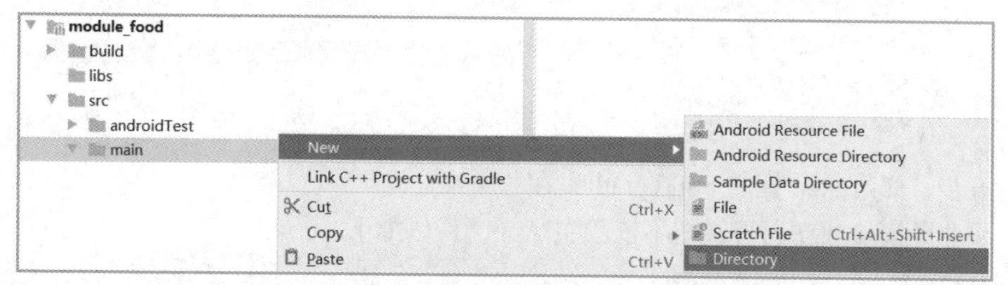

图 6-14 创建 AndroidManifest.xml 文件步骤 1

在弹出窗口的输入文本框中填写目录名 manifest，如图 6-15 所示。

图 6-15 创建 AndroidManifest.xml 文件步骤 2

将第一个 AndroidManifest.xml 文件复制到 manifest 目录中，并对其略作修改，代码如下：

```
<?xml version="1.0" encoding="utf-8"?>
<manifest xmlns:android="http://schemas.andr*.com/apk/res/android"
    package="com.example. module_food">
    <application>
        <activity android:name=".FoodActivity">
        </activity>
    </application>
</manifest>
```

第四步，判断使用哪个 AndroidManifest.xml。

在美食模块的 build.gradle 文件中指明，如果集成调试，则使用 manifest 目录下的 AndroidManifest.xml；如果独立调试，则使用 main 目录下的 AndroidManifest.xml，代码如下：

```
android {
    …
    defaultConfig {
        …
        //判断使用哪个清单文件
        sourceSets{
            main{
                if (isFoodRunAlone.toBoolean()){//如果独立调试
                    manifest.srcFile '/src/main/AndroidManifest.xml'
                }else {//如果集成调试
                    manifest.srcFile '/src/main/manifest/AndroidManifest.xml'
```

```
            }
        }
    }
}
…
}
```

第五步，修改 App 壳的 build.gradle 文件。

如果业务模块独立运行，则不依赖主 App，代码如下：

```
dependencies {
    if(!isFoodRunAlone.toBoolean()){
        implementation project(path: ':module_food')
    }
    if(!isMovieRunAlone.toBoolean()){
        implementation project(path: ':module_movie')
    }
}
```

至此，我们实现了通过在主工程的 gradle.properties 中修改 isFoodRunAlone 为 true 或者 false，来决定美食模块是否独立运行。

5. 在通用组件库模块中定义基础功能

假定美食模块和电影模块都需要判断网络是否处于连接状态，则把这个判断功能放在通用组件库模块中定义，代码如下：

```
import android.content.Context;
import android.net.ConnectivityManager;
import android.net.NetworkInfo;

public class NetUtils {
    public NetUtils() {
}
    /**
     * 判断 WiFi 是否已经连接
     * @param context
     * @return true:已经连接  false:未连接
     */
    public static boolean isNetConnected(Context context) {
        if (null == context) {
            throw new NullPointerException("context must not null");
        }
        NetworkInfo networkInfo = getActiveNetworkInfo(context);
        if (null != networkInfo) {
            return networkInfo.isConnected();
```

```
        }
        return false;
    }

    public static NetworkInfo getActiveNetworkInfo(Context context) {
        if (null == context) {
            throw new NullPointerException("context must not null");
        }
        ConnectivityManager connectivityManager = (ConnectivityManager) context.
getSystemService(Context.CONNECTIVITY_SERVICE);
        if (null != connectivityManager) {
            //注意，需要在清单文件添加权限
    android.permission.ACCESS_NETWORK_STATE
            NetworkInfo networkInfo = connectivityManager.getActiveNetworkInfo();
            return networkInfo;
        }
        return null;
    }
}
```

6. 在业务组件中使用通用组件库定义好的功能

（1）第三方库的引入

通用组件库需要以 api 的方式添加对第三方库的依赖。在通用组件库中添加第三方库即可，依赖于通用组件库的业务模块不需要再添加，代码如下：

```
dependencies {
    …
    api 'com.squareup.okhttp3:okhttp:4.9.0'
    …
}
```

（2）在需要用到第三方库或者通用功能的模块中添加对通用组件库的依赖

为了在美食模块使用通用组件库模块中自定义的方法，以及在通用组件库模块中引入的第三方库，需要在美食模块的 Gradle 文件中添加对通用组件库的依赖，代码如下：

```
dependencies {
    …
    /*添加对通用组件库的依赖*/
    implementation project(path: ':lib_common')
    …
}
```

上述代码中，lib_common 是通用组件库的模块名。

（3）在美食模块中使用这些功能

```
import androidx.appcompat.app.AppCompatActivity;
```

```
import android.os.Bundle;
import android.view.View;
import android.widget.Toast;

import com.alibaba.android.arouter.facade.annotation.Route;
import com.alibaba.android.arouter.launcher.ARouter;
import com.example.lib_common.net.NetUtils;

import okhttp3.OkHttpClient;

//为要跳转的Activity加注解
@Route(path = "/ModuleFood/FoodActivity")
public class FoodActivity extends AppCompatActivity{

    @Override
    protected void onCreate(Bundle savedInstanceState) {
        super.onCreate(savedInstanceState);
        setContentView(R.layout.activity_food);

        //在通用组件库添加了OkHttp依赖，业务组件中可以直接使用，不用再添加依赖
        OkHttpClient okHttpClient = new OkHttpClient();
    }

    //从美食模块跳转到电影模块
    public void jumpToMovie(View view) {
        ARouter.getInstance().build("/ModuleMovie/MovieActivity").navigation();
    }

    //使用通用组件库里的方法判断网络是否已经连接
    public void isNetCon(View view) {
        if(NetUtils.isNetConnected(this))
            Toast.makeText(this,"已经连接",Toast.LENGTH_SHORT).show();
        else
            Toast.makeText(this,"未连接",Toast.LENGTH_SHORT).show();
    }
}
```

7. 使用 ARouter 实现各业务组件之间的跳转

① 在通用组件库的 build.gradle 中添加路由的依赖，代码如下：

```
api "com.alibaba:arouter-api:$arouter_api"
```

② 在美食模块的 build.gradle 中添加注解处理器的依赖，并配置路径映射的前缀，代码如下：

```
android {
    …
    defaultConfig {
        //配置路径映射的前缀，用于 ARouter 跳转找到路径
        javaCompileOptions {
            annotationProcessorOptions {
                arguments = [AROUTER_MODULE_NAME: project.getName()]
            }
        }
    }
}
dependencies {
    …
    //注解处理器
    annotationProcessor "com.alibaba:arouter-compiler:$arouter_processor_version"
}
```

③ 为需要跳转的 Activity 添加注解，代码如下：

```
@Route(path = "/ModuleFood/FoodActivity")
public class FoodActivity extends AppCompatActivity{
}
```

④ 在 Application 中初始化。

在 App 壳创建一个 Application，对 ARouter 进行初始化，代码如下：

```
import android.app.Application;
import com.alibaba.android.arouter.launcher.ARouter;
public class MyApplication extends Application {
    @Override
    public void onCreate() {
        super.onCreate();
        initRouter(this);
    }

    public static void initRouter(Application application) {
        if (BuildConfig.DEBUG) {
            // 输出日志
            ARouter.openLog();
            // 开启调试模式(如果在独立调试模式下运行，必须开启调试模式；如果在集成调试模式下运行，
需要关闭，否则有安全风险)
            ARouter.openDebug();
```

```
        }
        ARouter.init(application);
    }
}
```

⑤ 实现模块间的跳转。

从电影模块跳转到美食模块的代码如下：

【MovieActivity.java 文件】

```
import androidx.appcompat.app.AppCompatActivity;
import android.os.Bundle;
import android.view.View;
import com.alibaba.android.arouter.facade.annotation.Route;
import com.alibaba.android.arouter.launcher.ARouter;

//为要跳转的 Activity 加注解
@Route(path = "/ModuleMovie/MovieActivity")
public class MovieActivity extends AppCompatActivity {
    @Override
    protected void onCreate(Bundle savedInstanceState) {
        super.onCreate(savedInstanceState);
        setContentView(R.layout.activity_movie);
    }
    //从电影模块跳转到美食模块
    public void jumpToFood(View view) {
        ARouter.getInstance().build("/ModuleFood/FoodActivity").navigation();
    }
}
```

任务 4 在应用中使用 Jetpack 架构组件

（一）任务描述

使用 Jetpack 架构组件中的 ViewModel、LiveData 和 DataBinding 实现图 6-16 所示的效果。当点击+1 按钮时，TextView 中的数字加 1；当点击−1 按钮时，TextView 中的数字减 1。旋转屏幕后，TextView 中的数字依然显示旋转前的数字，不会重置。

在 Activity 中，不需要用 findViewById()方法建立与 View 的关联；当数据发生改变时，TextView 会自动刷新数据，不需要在 Activity 中使用 setText()方法刷新数据。

（二）问题引导

由于 Android 免费和开源的性质，Android 制造商的品牌和 Android 手机型号越来越多，再加上 Android 各种版本的共存，导致整个 Android 平台的差异越来越大，致使软件兼容性变差，软件开发难度变大。另外，Android 开源库较多也会造成开发 Android 应用时技术选型的混乱。这些都是我们常说的 Android 碎片化问题。Google 为了解决 Android 开发碎片化问题推出了 Jetpack。Jetpack 是一个由多个库组成的套件，可帮助开发者遵循最佳做法，减少样板代码，并编写可在各种 Android 版本和设备中一致运行的代码，让开发者能集中精力编写重要的代码。

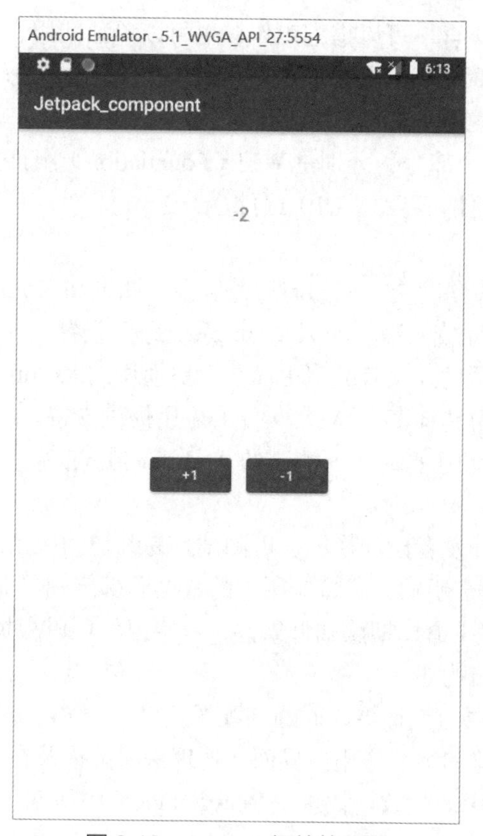

图 6-16 Jetpack 组件效果图

（三）知识准备

1. Jetpack 是什么

Jetpack 包含与平台 API 解除捆绑的 androidx.*软件包库，从产品的维度叫作 Jetpack，从技术的维度叫作 AndroidX。目前 Jetpack 中所有的组件库的包名都以 AndroidX 开头，AndroidX 命名空间中的库与 Android 平台分开提供，并向后兼容各个 Android 版本。Jetpack 具有向后兼容性，且比 Android 平台的更新频率更高，以此确保开发者始终可以获取最新的 Jetpack 组件版本。

2. Jetpack 的优势

（1）遵循最佳做法

Android Jetpack 组件采用最新的设计方法构建，具有向后兼容性，可以减少崩溃和内存泄漏。

（2）消除样板代码

Android Jetpack 可以管理各种烦琐的 Activity（如后台任务、导航和生命周期管理），消除大量重复样板式的代码，以便开发者更高效、更专注地打造出色的应用。

（3）减少不一致

Jetpack 组件库可在各种 Android 版本和设备中以一致的方式运作，从而降低复杂度。

3. Jetpack 组件库简介

Jetpack 组件是库的集合，可以搭配工作，也可以单独使用，API 以 Jetpack Library 的形式提供给开发者，使开发者不需要对不同的系统版本写适配逻辑，而是统一使用 Jetpack 提供的接口，从而解决长期以来的碎片化问题。

Jetpack 主要包括 4 个部分，分别是基础（Foundation）组件、架构（Architecture）组件、行为（Behavior）组件和界面（UI）组件。

（1）基础组件

基础组件可以提供横向功能，例如向后兼容性、测试和 Kotlin 语言支持。

- AppCompat：帮助较低版本的 Android 系统进行兼容。
- Android KTX：帮助开发者编写更简洁、更惯用的 Kotlin 代码。
- 多 DEX 处理：为具有多个 DEX 文件的应用提供支持。
- 测试：用于单元和运行时界面测试的 Android 测试框架。

（2）架构组件

架构组件可以帮助开发者设计稳健、可测试且易维护的应用。

- DataBinding：以声明的方式将应用中的数据源绑定到界面组件。
- Lifecycles：构建生命周期感知型组件，这些组件可以根据 Activity 或 Fragment 的当前生命周期状态调整行为。
- LiveData：在底层数据库更改时通知视图。
- Navigation：构建和组织应用内界面，处理深层链接及在屏幕之间导航。
- Paging：在页面中加载数据，并在 RecyclerView 中呈现，可以轻松完成分页预加载以达到无限滑动的效果特性。
- Room：创建、存储和管理由 SQLite 数据库支持的持久性数据，通过注解的方式实现相关功能，编译时自动生成相关实现类。
- ViewModel：以注重生命周期的方式管理界面相关的数据，让数据可在发生屏幕旋转等配置更改后继续留存，可以实现在 Fragment 之间共享数据。
- WorkManager：管理 Android 后台作业，可以轻松地调度必须可靠运行的可延期异步任务；通过这些 API，可以创建任务并将任务提交给 WorkManager，以便在满足工作约束条件时运行。

（3）行为组件

行为组件可以帮助开发者的应用与标准 Android 服务（如通知、权限、分享）相集成。

- 下载管理器：安排和管理大量下载任务。
- 媒体和播放：用于媒体播放和路由的向后兼容 API（包括 Google Cast）。
- 通知：提供向后兼容的通知 API，支持 Wear 和 Auto。
- 权限：用于检查和请求应用权限的兼容性 API。
- 偏好设置：创建交互式设置屏幕，建议使用 AndroidX Preference Library 库将用户可配置设置集成到应用中。

- 共享：提供适合应用操作栏的共享操作，可以更轻松地实现友好的用户分享。
- 切片：在应用外显示模板化界面元素。

（4）界面组件

动画和过渡：使用开始和结束状态在UI中设置运动动画。

表情符号：在旧版平台上也能启用最新的表情符号字体。

Fragment：组件化界面的基本单位。

布局：使用XML书写的界面布局或者使用 Compose 完成的界面。

调色板：从调色板中提取有用的信息。

Jetpackz 的内容非常丰富，这里主要介绍架构组件中的 ViewModel、LiveData 和 DataBinding 的使用。更多内容可以通过官方文档进行学习：https://developer.andr*.goo*.cn/jetpack。

4. ViewModel

ViewModel把View中的数据独立处理，单独对其进行存储和管理，使Activity/ Fragment的功能得到简化，不需要再管理界面中的数据。

此外，ViewModel 让数据可在发生屏幕旋转等配置更改后继续留存。图6-17展示了Activity在发生屏幕旋转而结束的过程中经历的各种生命周期状态，并在右侧显示了在此过程中ViewModel的生命周期。系统可能会在Activity的整个生命周期内多次调用 onCreate()方法，例如在旋转设备屏幕或者切换系统语言时，就会再次调用onCreate()方法。ViewModel存在的时间范围是从首次请求ViewModel到Activity完成并销毁。因此，我们通常在系统首次调用Activity对象的 onCreate() 方法时请求 ViewModel。

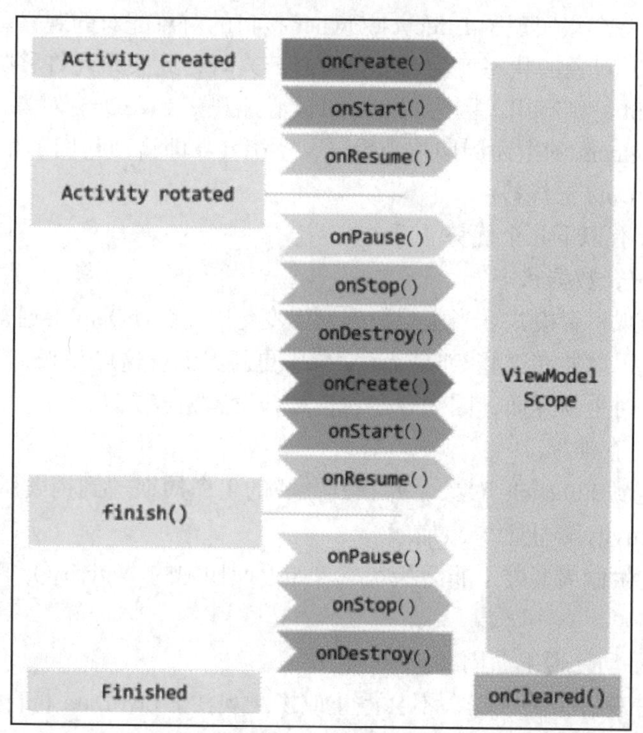

图6-17 Activity在发生屏幕旋转而结束的过程中ViewModel的生命周期

（1）创建一个自己的 ViewModel 类

```
public class MyViewModel extends ViewModel {
    public int number = 0;
}
```

（2）在 Activity 的 onCreate()方法中请求 ViewModel

```
protected void onCreate(Bundle savedInstanceState) {
    …
    ViewModelProvider.AndroidViewModelFactory factory = ViewModelProvider.Android
ViewModelFactory.getInstance(getApplication());
    MyViewModel myViewModel = new ViewModelProvider(this,factory).get(MyViewModel.
class);
    …
}
```

5. LiveData

（1）LiveData 的简介

LiveData 是一种可观察的数据存储器类。与常规的可观察类不同，LiveData 具有生命周期感知能力，遵循其他应用组件（如 Activity、Fragment 或 Service）的生命周期。这种感知能力可确保 LiveData 仅更新处于活跃生命周期状态的应用组件观察者。

如果观察者（由 Observer 类表示）的生命周期处于 STARTED 或 RESUMED 状态，则 LiveData 会认为该观察者处于活跃状态。LiveData 只会将更新通知给活跃的观察者。为观察 LiveData 对象而注册的非活跃观察者不会收到更新通知。

我们可以注册一个跟实现了 LifecycleOwner 接口的对象配对的观察者。有了这种关系，当相应的 Lifecycle 对象的状态变为 DESTROYED 时，此关系允许移除观察者。这对于 Activity 和 Fragment 特别有用，因为它们可以放心地观察 LiveData 对象，而不必担心泄漏（当 Activity 和 Fragment 的生命周期被销毁时，系统会立即清理它们）。

（2）使用 LiveData 的优势

使用 LiveData 有以下几个优势。

- 确保界面符合数据状态。

LiveData 遵循观察者模式。当底层数据发生变化时，LiveData 会通知 Observer 对象。开发者可以整合代码以便在这些 Observer 对象中更新界面。这样一来，开发者无须在每次应用数据发生变化时更新界面，因为观察者会替开发者完成更新。

- 不会发生内存泄漏。

观察者会绑定到 Lifecycle 对象，并在其关联的生命周期遭到销毁后进行自我清理。

- 不会因 Activity 停止而导致崩溃。

如果观察者的生命周期处于非活跃状态（如返回栈中的 Activity），则它不会接收任何 LiveData 事件。

- 不再需要手动处理生命周期。

界面组件只是观察相关数据，不会停止或恢复观察。LiveData 将自动管理这些操作，因为它在观察时可以感知相关的生命周期状态变化。

- 数据始终保持最新状态。

如果生命周期变为非活跃状态，它会在再次变为活跃状态时接收最新的数据。例如，曾经在后台的 Activity 会在返回前台后立即接收最新的数据。

- 适当的配置更改。

如果由于配置更改（如设备旋转）而重新创建了 Activity 或 Fragment，它会立即接收最新的可用数据。

- 共享资源。

开发者可以使用单例模式扩展 LiveData 对象以封装系统服务，以便在应用中共享这些服务。LiveData 对象连接到系统服务后，需要相应资源的任何观察者只需观察 LiveData 对象。

（3）使用 LiveData 的步骤

① 创建 LiveData 对象。

创建 LiveData 的实例以便存储某种类型的数据，这通常在 ViewModel 类中完成，代码如下：

```
public class NameViewModel extends ViewModel {
//创建 LiveData 以存储 String 类型的数据
private MutableLiveData<String> currentName;
    // 定义 getCurrentName()方法，用来获取变量 currentName 的值
    public MutableLiveData<String> getCurrentName() {
        if (currentName == null) {
            currentName = new MutableLiveData<String>();
        }
        return currentName;
    }
    …
}
```

注意：请确保用于更新界面的 LiveData 对象存储在 ViewModel 对象中，而不是存储在 Activity 或 Fragment 中，这样可以避免 Activity 和 Fragment 过于庞大（只负责显示数据，不负责存储数据状态）。另外，还可以将 LiveData 实例与特定的 Activity 或 Fragment 实例解耦，并使 LiveData 对象在配置更改后继续留存。

② 观察 LiveData 对象。

创建一个 Observer 对象，该对象可以定义 onChanged()方法，该方法用来控制 LiveData 对象存储的数据更改时发生的操作。通常情况下，可以在界面控制器（如 Activity 或 Fragment）中创建 Observer 对象。

在大多数情况下，应用组件的 onCreate()方法是观察 LiveData 对象的正确位置。原因一是确保系统不会从 Activity 或 Fragment 的 onResume()方法进行冗余调用；原因二是确保 Activity 或 Fragment 变为活跃状态后具有可以立即显示的数据。一旦应用组件处于 STARTED 状态，就会从它正在观察的 LiveData 对象中接收最新值。

通常，LiveData 仅在数据发生更改时才发送更新通知，并且仅发送给活跃观察者。有

一种例外情况是，观察者从非活跃状态更改为活跃状态时也会收到更新通知。此外，如果观察者第二次从非活跃状态更改为活跃状态，则只有在自上次变为活跃状态以来值发生了更改时，它才会收到更新通知，示例代码如下：

```
public class NameActivity extends AppCompatActivity {
    private NameViewModel model;

    @Override
    protected void onCreate(Bundle savedInstanceState) {
        super.onCreate(savedInstanceState);
        …
        //获取 ViewModel
        ViewModelProvider.AndroidViewModelFactory factory = ViewModelProvider.
AndroidViewModelFactory.getInstance(getApplication());
        model = new ViewModelProvider(this,factory).get(ViewModelWithLiveData. class);

        //创建更新用户界面的观察者
        final Observer<String> nameObserver = new Observer<String>() {
            @Override
            public void onChanged(@Nullable final String newName) {
                //更新 UI，在本例中是 TextView
                nameTextView.setText(newName);
            }
        };

        //观察 LiveData，把 LifecycleOwner 和 observer 作为参数传入这个 Activity
        model.getCurrentName().observe(this, nameObserver);
    }
}
```

在以 nameObserver 作为参数的情况下调用 observe()方法后，系统会立即调用 onChanged()方法，从而提供 currentName 中存储的最新值。如果 LiveData 对象尚未在 currentName 中设置值，则不会调用 onChanged()方法。

③ 更新 LiveData 对象。

LiveData 没有公开可用的方法来更新存储的数据，但其子类 MutableLiveData 类有两个 public 方法 setValue(T)和 postValue(T)，如果需要修改存储在 LiveData 对象中的值，则必须使用这些方法。通常情况下会在 ViewModel 中使用 MutableLiveData，然后 ViewModel 只会向观察者公开不可变的 LiveData 对象。

设置观察者关系后，开发者可以更新 LiveData 对象的值，这样当用户点击某个按钮时会触发所有观察者，代码如下：

```
button.setOnClickListener(new OnClickListener() {
    @Override
```

```
        public void onClick(View v) {
            String anotherName = "John Doe";
            model.getCurrentName().setValue(anotherName);
        }
    });
```

在上述代码中调用 setValue(T)能使观察者使用值 John Doe 调用其 onChanged()方法。上述代码中演示的是点击按钮时的方法，但也可以出于各种各样的原因调用 setValue()方法或 postValue()方法来更新 mName，这些原因包括响应网络请求或数据库加载完成等。在所有情况下，调用 setValue()方法或 postValue()方法都会触发观察者并更新界面。

注意：必须调用 setValue(T)方法以从主线程更新 LiveData 对象，如果在工作线程中执行代码，可以改用 postValue(T)方法来更新 LiveData 对象。

6. DataBinding

（1）DataBinding 简介

DataBinding 以声明的方式将应用中的数据源绑定到界面组件。DataBinding 能使 Activity/Fragment 的功能得到进一步简化，Activity/Fragment 与 View 不再需要通过引用建立联系，而是通过 DataBinding 建立它们之间的关联，从而使 MVVM（Model 数据层-View 视图层-ViewModel 数据视图层）各个模块更加独立，程序变得更加模块化，更容易维护。

（2）使用 DataBinding 的步骤

① 开启 DataBinding。

打开当前模块的 build.gradle 文件，在 android 模块中添加如下配置：

```
android {
    …
    defaultConfig {
        …
        buildFeatures{
            dataBinding = true
        }
    }
}
```

② 修改布局文件。

把布局文件的根节点改为 layout，里面包括了 data 节点和传统的布局。data 节点起到连接 View 和 Modle 的作用。在 data 节点中声明 variable 变量，这些变量的值可以轻松地传到布局文件的对应控件中，代码如下：

```
<?xml version="1.0" encoding="utf-8"?>
<layout
    xmlns:android="http://schemas.andr*.com/apk/res/android"
    xmlns:app="http://schemas.andr*.com/apk/res-auto"
    xmlns:tools="http://schemas.andr*.com/tools">
    <data>
```

```
        <variable
            name="mydata"
    type="com.example.chapter09.jetpack_component.ViewModelWithLiveData" />
      </data>
      <androidx.constraintlayout.widget.ConstraintLayout
        android:layout_width="match_parent"
        android:layout_height="match_parent"
        tools:context=".ThirdActivity">
        <TextView
            …
            android:text=" @{String.valueOf(mydata.number)}"
            …
            />
        …
        <Button
            …
            android:onClick="@{()->mydata.addNumber(1)}"/>
            …
      </androidx.constraintlayout.widget.ConstraintLayout>
  </layout>
```

variable 节点中的 name 是自定义的变量名，type 是这个变量的类型。此时，TextView 控件的 text 属性就可以设置为"@{String.valueOf(mydata.number)}"，表示将 mydata.number 的值转换为字符串后作为属性值。number 是位于 com.example.chapter09.jetpack_component 包中的 ViewModelWithLiveData 类的一个属性。Button 控件的 onClick 属性设置为"@{()->mydata.addNumber()}"，表示当该按钮被点击时，调用 mydata 的 addNumber()方法。addNumber()是 com.example.chapter09.jetpack_component 包中的 ViewModelWithLiveData 类的一个方法。

③ 在 Activity 中使用 DataBinding。

在开启了 DataBinding 后，原本默认的设置布局的方法，代码如下：

```
setContentView(R.layout.activity_main);
```

需要修改为：

```
ActivityMainBinding  binding = DataBindingUtil.setContentView(MainActivity.this,
 R.layout.activity_main);
```

否则 DataBinding 不会生效。

DataBindingUtil.setContentView()方法会返回一个关联的绑定，这个关联的绑定类的类名是在 build.gradle 文件中设置开启 DataBinding 后，由系统自动生成的。命名规则是布局文件名字单词首字母大写，并去掉下划线后加上 Binding，例如：布局文件是 activity_main.xml，则自动生成的类就是 ActivityMainBinding。

得到 binding 后，就可以通过 binding 的 set*** ()方法把数据作为参数传递进来，从而实现数据的绑定。set*** ()方法也是有命名规则的，根据布局文件中 variable 节点的 name

值的不同而不同。如果 name 的值是 data，则代码写为 binding.setData()；如果 name 的值是 mydata，则代码变成 binding.setMydata()。

最后，还需要通过 binding.setLifecycleOwner(this)语句将当前 Activity/Fragment 的生命周期注入生成的 Binding 对象中。

（四）任务实施

1. 创建模块

打开应用程序“组件化开发”，创建一个新的模块 jetpack_component。

2. 设置布局

采用约束布局，放置一个 TextView 用于显示计算的结果，一个“+1”按钮用于加 1 操作，一个“–1”按钮用于减 1 操作。

【activity_main.xml 文件】

```
    <?xml version="1.0" encoding="utf-8"?>
    <androidx.constraintlayout.widget.ConstraintLayout
xmlns:android="http://schemas.andr*.com/apk/res/android"
        xmlns:app="http://schemas.andr*.com/apk/res-auto"
        xmlns:tools="http://schemas.andr*.com/tools"
        android:layout_width="match_parent"
        android:layout_height="match_parent"
        tools:context=".MainActivity">
        <TextView
            android:id="@+id/tv_result"
            android:layout_width="wrap_content"
            android:layout_height="wrap_content"
            android:text="0"
            android:textSize="20sp"
            app:layout_constraintEnd_toEndOf="parent"
            app:layout_constraintStart_toStartOf="parent"
            app:layout_constraintTop_toTopOf="@+id/guideline2" />
        <androidx.constraintlayout.widget.Guideline
            android:id="@+id/guideline"
            android:layout_width="wrap_content"
            android:layout_height="wrap_content"
            android:orientation="vertical"
            app:layout_constraintGuide_percent="0.5" />
        <androidx.constraintlayout.widget.Guideline
            android:id="@+id/guideline2"
            android:layout_width="wrap_content"
            android:layout_height="wrap_content"
            android:orientation="horizontal"
```

```
        app:layout_constraintGuide_percent="0.1" />
    <Button
        android:id="@+id/btn_add"
        android:layout_width="wrap_content"
        android:layout_height="wrap_content"
        android:layout_marginEnd="8dp"
        android:layout_marginRight="8dp"
        android:text="+1"
        app:layout_constraintBottom_toBottomOf="parent"
        app:layout_constraintEnd_toStartOf="@+id/guideline"
        app:layout_constraintTop_toTopOf="parent" />
    <Button
        android:id="@+id/btn_sub"
        android:layout_width="wrap_content"
        android:layout_height="wrap_content"
        android:layout_marginStart="8dp"
        android:layout_marginLeft="8dp"
        android:text="-1"
        app:layout_constraintBottom_toBottomOf="parent"
        app:layout_constraintStart_toStartOf="@+id/guideline"
        app:layout_constraintTop_toTopOf="parent" />
</androidx.constraintlayout.widget.ConstraintLayout>
```

3. 编写 Java 代码

加和减操作的操作数交给 ViewModel 管理，因此，需要创建一个 ViewModel 的子类，操作数 number 作为该子类的一个属性。

【MyViewModel.java 文件】

```
import androidx.lifecycle.ViewModel;
public class MyViewModel extends ViewModel {
    public int number = 0;
}
```

在 Activity 中获取 ViewModel 后，对 ViewModel 中管理的数据进行加减操作，并将其显示在 TextView 中。ViewModel 让数据可以在发生屏幕旋转等配置更改后继续留存，而不需要通过 onSaveInstanceState()方法保存数据后再从 savedInstanceState 取出数据。

【MainActivity.java 文件】

```
import androidx.appcompat.app.AppCompatActivity;
import androidx.lifecycle.ViewModelProvider;


import android.os.Bundle;
import android.view.View;
import android.widget.Button;
```

```
    import android.widget.TextView;

    public class MainActivity extends AppCompatActivity {
        private MyViewModel myViewModel;
        private TextView tvResult;
        private Button btnAdd, btnSub;
        @Override
        protected void onCreate(Bundle savedInstanceState) {
            super.onCreate(savedInstanceState);
            setContentView(R.layout.activity_main);

            //获取 myViewModel
            ViewModelProvider.AndroidViewModelFactory  factory  =  ViewModelProvider.
AndroidViewModelFactory.getInstance(getApplication());
            myViewModel = new ViewModelProvider(this,factory).get(MyViewModel.class);

            tvResult = findViewById(R.id.tv_result);
            //取出 myViewModel 中的 number，并显示在 TextView 中
            tvResult.setText(String.valueOf(myViewModel.number));

            btnAdd = findViewById(R.id.btn_add);
            btnSub = findViewById(R.id.btn_sub);
            btnAdd.setOnClickListener(new View.OnClickListener() {
                @Override
                public void onClick(View v) {
                    //取出 myViewModel 中的 number 做加 1 操作，并将结果显示在 TextView 中
                    myViewModel.number++;
                    tvResult.setText(String.valueOf(myViewModel.number));
                }
            });
            btnSub.setOnClickListener(new View.OnClickListener() {
                @Override
                public void onClick(View v) {
                    //取出 myViewModel 中的 number 做减 1 操作，并将结果显示在 TextView 中
                    myViewModel.number--;
                    tvResult.setText(String.valueOf(myViewModel.number));
                }
            });
        }
    }
```

此时，运行项目，通过加减操作使 TextView 显示的数字发生变化后，对屏幕进行横竖屏旋转，会发现 TextView 显示的数字仍被留存。

4. 在 ViewModel 中使用 LiveData

LiveData 能在数据更改时通知视图。为 LiveData 添加一个观察者，当观察到数据发生变化时，在 onChanged()方法中修改 UI。

将 MyViewModel 和 LiveData 结合使用，对 MyViewModel.java 进行修改，修改后的代码如 ViewModelWithLiveData.java 文件所示。

【ViewModelWithLiveData.java 文件】

```
import androidx.lifecycle.MutableLiveData;
import androidx.lifecycle.ViewModel;

public class ViewModelWithLiveData extends ViewModel {
    private MutableLiveData<Integer> number;

    public MutableLiveData<Integer> getNumber() {
        if(number==null){
            number = new MutableLiveData<>();
            number.setValue(0);
        }
        return number;
    }

    public void addNumber(int n) {
        number.setValue(number.getValue() + n);
    }
}
```

ViewModelWithLiveData 是 LiveData 的子类，该类有两个 public 方法 —— setValue(T)和 postValue(T)，如果需要修改存储在 LiveData 对象中的值，则必须使用这些方法。

在 SecondActivity 中创建 Observer 对象。该对象可以定义 onChanged()方法，该方法用来控制 LiveData 对象存储的数据更改时的操作。

【SecondActivity.java 文件】

```
import android.os.Bundle;
import android.view.View;
import android.widget.Button;
import android.widget.TextView;

import androidx.appcompat.app.AppCompatActivity;
import androidx.lifecycle.Observer;
import androidx.lifecycle.ViewModelProvider;

public class SecondActivity extends AppCompatActivity {
    private ViewModelWithLiveData myViewModel;
    private TextView tvResult;
```

```
    private Button btnAdd, btnSub;
    protected void onCreate(Bundle savedInstanceState) {
        super.onCreate(savedInstanceState);
        setContentView(R.layout.activity_main);

        tvResult = findViewById(R.id.tv_result);
        btnAdd = findViewById(R.id.btn_add);
        btnSub = findViewById(R.id.btn_sub);

        //获取 myViewModel
        ViewModelProvider.AndroidViewModelFactory factory = ViewModelProvider.
AndroidViewModelFactory.getInstance(getApplication());
        myViewModel = new ViewModelProvider(this,factory).get(ViewModelWithLiveData.
class);
    //使用 observe()方法为 LiveData 添加一个观察者，当观察到数据发生变化时，调用 onChanged()方法
        myViewModel.getNumber().observe(this, new Observer<Integer>() {
            @Override
            public void onChanged(Integer integer) {
                tvResult.setText(String.valueOf(integer));
            }
        });
        btnAdd.setOnClickListener(new View.OnClickListener() {
            @Override
            public void onClick(View v) {
                myViewModel.addNumber(1);
            }
        });
        btnSub.setOnClickListener(new View.OnClickListener() {
            @Override
            public void onClick(View v) {
                myViewModel.addNumber(-1);
            }
        });
    }
}
```

以上代码中的 myViewModel.getNumber()方法获取到的是一个 LiveData，是我们在 ViewModelWithLiveData.java 中定义的 number。

观察上述代码会发现，我们只需在 onChanged()方法中调用 setText()方法就可以修改 TextView 的显示，在“+1”“-1”按钮被点击时，只需做加减操作，不需要更新 UI。当观察者观察到 LiveData 对象存储的数据发生变化时，onChanged()方法就会被调用，UI 就能更新了。

将 SecondActivity 设置为首先被启动的 Activity，点击按钮进行加减操作，会发现 TextView 的显示随之改变，对屏幕进行横竖屏旋转，会发现 TextView 显示的数字仍被留存。

5. 使用 DataBinding

（1）开启 DataBinding

打开当前模块的 build.gradle 文件，在 android 模块中添加如下配置：

```
android {
    …
    defaultConfig {
        …
        buildFeatures{
            dataBinding = true
        }
    }
}
```

（2）修改布局

把布局文件的根节点改为 layout，里面包括了 data 节点和传统的布局。修改后的布局文件代码如下：

【activity_third.xml 文件】

```
<?xml version="1.0" encoding="utf-8"?>
<layout
    xmlns:android="http://schemas.andr*.com/apk/res/android"
    xmlns:app="http://schemas.andr*.com/apk/res-auto"
    xmlns:tools="http://schemas.andr*.com/tools">
    <data>
        <variable
            name="mydata"
            type="com.example.chapter09.demo03.ViewModelWithLiveData" />
    </data>
    <androidx.constraintlayout.widget.ConstraintLayout
        android:layout_width="match_parent"
        android:layout_height="match_parent"
        tools:context=".ThirdActivity">

        <TextView
            android:id="@+id/tv_result"
            android:layout_width="wrap_content"
            android:layout_height="wrap_content"
            android:text="@{String.valueOf(mydata.number)}"
            android:textSize="20sp"
            app:layout_constraintEnd_toEndOf="parent"
            app:layout_constraintStart_toStartOf="parent"
```

```
            app:layout_constraintTop_toTopOf="@+id/guideline2" />

        <androidx.constraintlayout.widget.Guideline
            android:id="@+id/guideline"
            android:layout_width="wrap_content"
            android:layout_height="wrap_content"
            android:orientation="vertical"
            app:layout_constraintGuide_percent="0.5" />

        <androidx.constraintlayout.widget.Guideline
            android:id="@+id/guideline2"
            android:layout_width="wrap_content"
            android:layout_height="wrap_content"
            android:orientation="horizontal"
            app:layout_constraintGuide_percent="0.1" />

        <Button
            android:layout_width="wrap_content"
            android:layout_height="wrap_content"
            android:layout_marginEnd="8dp"
            android:layout_marginRight="8dp"
            android:text="+1"
            app:layout_constraintBottom_toBottomOf="parent"
            app:layout_constraintEnd_toStartOf="@+id/guideline"
            app:layout_constraintTop_toTopOf="parent"
            android:onClick="@{()->mydata.addNumber(1)}"/>

        <Button
            android:layout_width="wrap_content"
            android:layout_height="wrap_content"
            android:layout_marginStart="8dp"
            android:layout_marginLeft="8dp"
            android:text="-1"
            app:layout_constraintBottom_toBottomOf="parent"
            app:layout_constraintStart_toStartOf="@+id/guideline"
            app:layout_constraintTop_toTopOf="parent"
            android:onClick="@{()->mydata.addNumber(-1)}"/>

    </androidx.constraintlayout.widget.ConstraintLayout>
</layout>
```

（3）在 Activity 中使用 DataBinding

在开启了 DataBinding 后，原本默认的设置布局的方法 setContentView(R.layout.activity_ main)需要修改为 ActivityMainBinding binding = DataBindingUtil.setContentView(MainActivity.this, R.layout.activity_main)，否则 DataBinding 不会生效。

DataBindingUtil.setContentView()方法会返回一个关联的绑定类，这个关联的绑定类的类名是在 build.gradle 文件中设置开启 DataBinding 后，由系统自动生成的。通过调用该绑定类的 set*** ()方法把数据作为参数传递进来，从而实现数据的绑定。最后需要调用其 setLifecycleOwner (this)方法将当前 Activity/Fragment 的生命周期注入生成的 Binding 对象中。

更详细的介绍可以查看本节的知识准备部分。Activity 的完整代码如下：

【ThirdActivity.java 文件】

```
import android.os.Bundle;
import androidx.appcompat.app.AppCompatActivity;
import androidx.databinding.DataBindingUtil;
import androidx.lifecycle.ViewModelProvider;
import com.example.chapter09.demo03.databinding.ActivityThirdBinding;

public class ThirdActivity extends AppCompatActivity {
    private ViewModelWithLiveData myViewModel;
    protected void onCreate(Bundle savedInstanceState) {
        super.onCreate(savedInstanceState);
        /*
        ActivityThirdBinding 这个类是在 build.gradle 文件中设置开启 DataBinding 后，由系统
自动生成的。
        命名规则是布局文件名字单词首字母大写去掉下划线后加上 Binding，例如：布局文件是
activity_main.xml，则自动生成的类就是 ActivityMainBinding
         */
        ActivityThirdBinding binding = DataBindingUtil.setContentView(this, R.layout.
activity_third);

        ViewModelProvider.AndroidViewModelFactory factory = ViewModelProvider.
AndroidViewModelFactory.getInstance(getApplication());
        myViewModel = new ViewModelProvider(this,factory).get(ViewModelWithLiveData.
class);

        /*
        set***()这个方法是有命名规则的，根据布局文件中 variable 节点的 name 的值不同而不同。
        如果 name 的值是 data，则下面的代码变成 binding.setData(myViewModel);
        如果 name 的值是 mydata，则下面的代码变成 binding.setMydata(myViewModel)
        */
        binding.setMydata(myViewModel);
        binding.setLifecycleOwner(this);
    }
}
```

（五）知识拓展

在任务实施环节中，我们使用 ViewModel 来管理数据，使得数据在配置更改后（例如，屏幕发生旋转或者语言切换等）仍继续留存，不会丢失。但是当内存资源不足，系统销毁后台进程后，ViewModel 会被重新创建，数据也就丢失了。为了解决这个问题，Jetpack 提供了 SavedStateHandle 组件，该组件可以看作对 ViewModel 的功能扩展，使开发者可以直接在 ViewModel 中操作数据的重建过程。其使用流程如下。

① 在模块的 build.gradle 文件中添加以下依赖：

```
implementation 'androidx.fragment:fragment:1.3.0-alpha04'
```

② 以 SavedStateHandle 为参数创建构造方法。

③ ViewModel 内部通过 SavedStateHandle.getLiveData()方法来生成一个 LiveData 对象，LiveData 中的数据就是我们要持久化保存的数据。

如果是全新启动的 Activity，则 LiveData 中保存的值为 null；如果是重建后的 Activity，LiveData 中保存的值则为重建前其自身的值。

传给 getLiveData()方法的 String 参数是一个唯一 Key，最终保存到 Bundle 中的键值对就以这个 String 作为 Key，以 LiveData 的值作为 value。

【ViewModelSavedState.java 文件】

```
import androidx.lifecycle.MutableLiveData;
import androidx.lifecycle.SavedStateHandle;
import androidx.lifecycle.ViewModel;

public class ViewModelSavedState extends ViewModel {
    private SavedStateHandle savedStateHandle;

    //以 SavedStateHandle 为参数创建构造方法
    public ViewModelSavedState(SavedStateHandle savedStateHandle){
        this.savedStateHandle = savedStateHandle;
    }

    public MutableLiveData<Integer> getNumber() {
        if(!savedStateHandle.contains("key")){
            //如果还没有对应的 key，则使用 set()方法设置数据的初始值
            savedStateHandle.set("key", 0);
        }
        return savedStateHandle.getLiveData("key");//取出 key 对应的 value
    }

    public void addNumber(int n) {
        getNumber().setValue(getNumber().getValue() + n);
    }
}
```

【FourthActivity.java 文件】

```
import android.os.Bundle;
import androidx.appcompat.app.AppCompatActivity;
import androidx.databinding.DataBindingUtil;
import androidx.lifecycle.SavedStateViewModelFactory;
import androidx.lifecycle.ViewModelProvider;
import com.example.chapter09.demo03.databinding.ActivityFourthBinding;

public class FourthActivity extends AppCompatActivity {
    private ViewModelSavedState myViewModel;
    protected void onCreate(Bundle savedInstanceState) {
        super.onCreate(savedInstanceState);

        ActivityFourthBinding binding = DataBindingUtil.setContentView(this, R.layout.
activity_fourth);

        //以 SavedStateViewModelFactory 作为 new ViewModelProvider() 的第二个参数
        SavedStateViewModelFactory factory = new SavedStateViewModelFactory(get
Application(),this);
        myViewModel = new ViewModelProvider(this,factory).get(ViewModelSavedState.
class);

        binding.setMydata(myViewModel);
        binding.setLifecycleOwner(this);
    }
}
```

布局文件跟任务实施中的 activity_third.xml 基本相同，只需把 variable 节点的 type 属性值改为 ViewModelSavedState 类的路径即可，代码如下：

```
<data>
    <variable
        name="mydata"
        type="com.example.chapter09.demo03.ViewModelSavedState" />
</data>
```

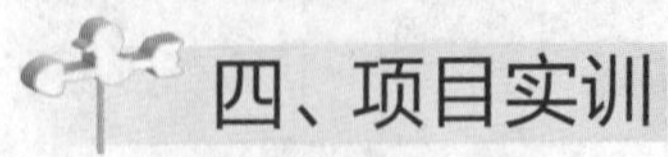

四、项目实训

（一）实训目的

掌握通用 UI 组件的开发方法。

（二）实训内容

创建一个带有清除小图标的 EditText，当 EditText 中有内容时，显示小图标 ×，如图 6-18（a）所示，此时，点击小图标能将内容清空；当 EditText 中没有内容时，小图标不显示，如图 6-18（b）所示。其中，用户能通过 XML 文件的控件属性指定使用哪幅图作为清除小图标。

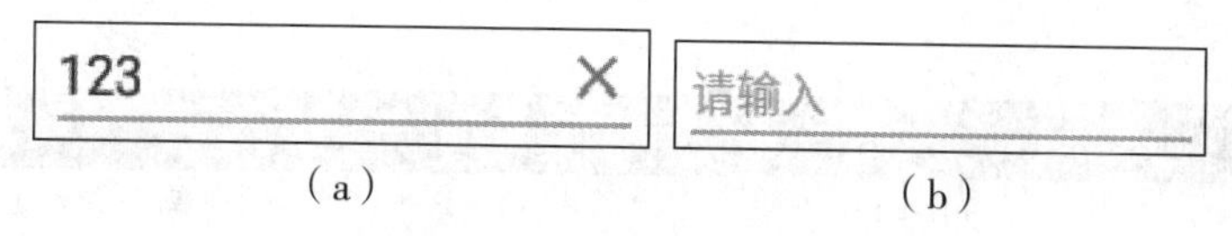

（a）　　　　（b）

图 6-18　项目实训效果图

（三）问题引导

完成本实训任务需要熟悉开发通用 UI 组件的常用方法。完成本实训任务需要解决的主要问题有：如何自定义标签属性，如何自定义组件类，如何在 XML 布局文件中使用自定义的 UI 控件。

（四）实训步骤

① 自定义一个类，该类的父类是 AppCompatEditText。

② 创建构造方法。

③ 声明一个 Drawable 类型的类成员变量。在构造方法中，将清除小图标赋值给 Drawable 变量。

④ 自定义一个方法，判断文本框内容是否为空。如果文本框的内容不为空，则调用 setCompoundDrawablesRelativeWithIntrinsicBounds()方法在文本框右侧显示清空小图标；如果文本框的内容为空，则不显示清空小图标。

⑤ 复写 onTextChanged()方法，该方法在文本框的内容发生变化时被执行。在该方法中调用步骤④的自定义方法。

⑥ 复写 onTouchEvent()方法，通过触摸点的 *x*/*y* 坐标、文本框控件的宽高、清除小图标的宽高，计算触摸点在水平方向上和垂直方向上的位置是否在清除小图标的范围内，如果在此范围内，再判断当前动作是否为手指抬起动作（即 MotionEvent.ACTION_UP），如果是，则将文本框的内容清空。

⑦ 在 values 目录下，创建一个 attrs.xml 文件，自定义一个 reference 类型的标签属性，用于供用户指定清除小图标的 id。

⑧ 在构造方法中取出标签属性值（即图标的 id），通过属性值获取 Drawable 对象，并将其赋值给 Drawable 类型的类成员变量。

⑨ 在 XML 布局文件中使用自定义的 UI 控件。

（五）实训报告要求

Android 项目实训报告			
学号		姓名	
项目名称			
实训过程	要求写出实训步骤，并贴出步骤中的关键代码截图 如填写不下，可加附页		

续表

Android 项目实训报告	
遇到的问题及解决的办法	问题 1： 描述遇到的问题 解决办法： 描述解决的办法 问题 2： 描述遇到的问题 解决办法： 描述解决的办法 …… 如填写不下，可加附页

五、项目总结

本项目主要介绍了组件化开发的相关内容，包括开发通用 UI 组件、封装网络请求组件、封装通用业务组件、在应用中使用 Jetpack 架构组件。要求读者掌握以下几个方面的知识和技能。

- 能够开发通用 UI 组件，实现复杂的 UI 效果。
- 能够封装网络请求组件，发送请求，实现响应，完成业务功能需求。
- 能够对通用业务组件进行封装，实现通用组件库，提高开发效率。
- 能够进行组件化定制和改造，理解解耦设计思想。
- 能够掌握 Jetpack 架构组件封装，解决 Android 开发碎片化问题。

六、课后练习

（一）选择题

1. 在典型的组件化架构中，（　　）负责管理各个业务组件和打包 APK，没有具体的业务功能。

A. App 壳　　B. 业务组件层　　C. 通用组件库　　D. 以上都不对

2. 在典型的组件化架构中，（　　）的每个组件都能独立编译运行，组件之间不能直接调用。

A. App 壳　　B. 业务组件层　　C. 通用组件库　　D. 以上都不对

3. 在典型的组件化架构中，（　　）包含了各种开源库及与业务无关的各种自主研发的工具，供业务组件调用。

A. App 壳　　B. 业务组件层　　C. 通用组件库　　D. 以上都不对

4. 以下哪一项不符合组件化的特点？（　　）

A. 符合单一责任原则　　B. 加快编译速度

C. 提高代码的复用性　　D. 降低协作效率

5. （　　）让数据可在发生屏幕旋转等配置更改后继续留存。

A. ViewModel　　B. LiveData　　C. DataBinding　　D. 以上都不对

6. （　　）是一种可观察的数据存储器类，具有生命周期感知能力。

A. ViewModel　　B. LiveData　　C. DataBinding　　D. 以上都不对

7. （　　）以声明的方式将应用中的数据源绑定到界面组件。

A. ViewModel　　B. LiveData　　C. DataBinding　　D. 以上都不对

（二）填空题

1. 系统提供了__________类，获取到该类的实例后就可通过 get*** ()方法获得布局文件中设置的属性值。

2. 通过复写__________方法能测量 View 的大小，通过复写__________方法能绘制自定义控件的效果。

3. 在 attrs.xml 文件中，使用__________节点来声明属性名及其接收的数据格式。

4. 在典型的组件化架构中，__________负责管理各个业务组件和打包 APK，没有具体的业务功能。

5. 配置为__________意味着该模块能独立运行调试，项目构建后会输出一个 APK 安装包。

6. 配置为__________意味着该模块以插件的形式进行集成调试，构建后输出 ARR 包。

7. Jetpack 主要包括 4 个部分，分别是__________、__________、__________和__________。

8. ViewModel 把__________中的数据独立处理，单独对其进行存储和管理，使得 Activity/Fragment 的功能得到简化，不需要再管理界面中的数据。

9. 用于更新界面的 LiveData 对象应该存储在__________对象中，而不是存储在 Activity 或 Fragment 中。

（三）判断题

1. 在软件工程中，耦合指的是程序间的依赖关系，包括类之间的依赖和方法之间的依赖。（　　）

2. 在程序设计中，要尽可能降低耦合度。（　　）

3. 在代码实现上，可以通过 CallBack 接口回调实现解耦。（　　）

4. Android Jetpack 可以消除大量重复样板式的代码。（　　）

5. Jetpack 组件库可在各种 Android 版本和设备中以一致的方式运作。（　　）

6. Jetpack 组件不能搭配工作，只能单独使用。（　　）

7. 为观察 LiveData 对象而注册的非活跃观察者也会收到更新通知。（　　）

（四）简单题

1. 请简述自定义 UI 控件的步骤。

2. 请简述你对软件工程中耦合和解耦的理解。

（五）编程题

设计一个应用程序，包含“图书”和“新闻”两个业务模块，以及一个通用组件库。两个业务模块各司其职，相互独立，通用组件库包含了所有模块需要的依赖库，以及一些工具类。图书模块用来展示图书列表，新闻模块用来展示新闻列表。实现在图书模块和新闻模块之间跳转的功能。

项目 7 Android 底层原理认知

本项目通过认识 Android 系统服务的启动原理和工作原理、认识 Android 系统进程启动过程的相关原理、认识 Android 组件的相关原理、认识 Android 跨进程通信的相关原理和认识 Android 线程间通信的相关原理等任务来帮助读者理解 Android 底层原理的相关知识，重点了解：Android 系统服务的启动原理和工作原理、Android 系统进程启动过程中的一些重要机制的初始化原理、Android 组件启动原理、绑定原理、注册和收发原理、数据传输原理、Android 跨进程通信原理、Android 线程间消息传递机制及相关原理。

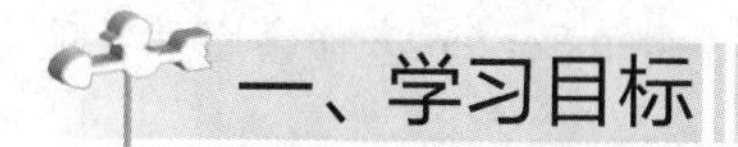

一、学习目标

（一）知识目标

1. 能够掌握 Android 系统服务的启动原理和工作原理。
2. 能够掌握 Android 系统进程启动过程中的一些重要机制的初始化原理。
3. 能够理解 Android 组件启动原理、绑定原理、注册和收发原理、数据传输原理等。
4. 能够理解 Android 跨进程通信、对象传递等进程通信原理。
5. 能够理解 Android 线程间消息传递机制、消息循环机制及其相关原理。

（二）技能目标

1. 能够熟悉 Android 系统服务的启动流程。
2. 能够熟悉 Android 系统进程启动过程。
3. 能够熟悉 Android 组件的启动过程。
4. 能够熟悉 Android 跨进程通信的过程。
5. 能够熟悉 Android 线程间消息传递的流程。

（三）素质目标

培养读者通过查看源码进行自学的能力。

二、项目描述

对于 Android 开发，应用程序开发者的大部分工作都是与应用框架层打交道，但为了“知其所以然”，以便在遇到具体问题时不至于束手无策，有必要了解 Android 底层原理。在本项目中，我们将带领读者认识一些重要的 Android 底层原理。

本项目由 5 个任务构成，分别是认识 Android 系统服务的启动原理和工作原理、认识 Android 系统进程启动过程的相关原理、认识 Android 组件的相关原理、认识 Android 跨进程通信的相关原理和认识 Android 线程间通信的相关原理。

三、项目实施

任务 1 认识 Android 系统服务的启动原理和工作原理

（一）ServiceManager 启动

所有的系统服务都需要在 ServiceManager 中进行注册，而 ServiceManager 是通过 init.rc 来启动的，具体步骤如下。

① 由 bootloader 载入 Linux 内核后，内核开始初始化，并载入 built-in 的驱动程序；内核完成系统设置后，启动 init 进程，切换至 user-space（用户空间）后，结束内核的循序过程。

② 由 init 进程开始，解析 init.rc，启动 Native 服务，并启动重要的外部程序，例如 ServiceManager、Zygote。

③ Zygote 进程预加载和初始化一些核心类库，并创建一个服务器端 socket，等待 AMS 发起 socket 请求。同时，启动系统服务进程 SystemServer，SystemServer 进程会启动各项系统服务。

ServiceManager 是系统中的关键服务，其入口函数在 service_manager.c 中，代码如下：

```
//frameworks/native/libs/binder/ndk/service_manager.c
int main(int argc, char** argv)
{
    struct binder_state *bs;//结构体，用来存储 Binder 的信息
    union selinux_callback cb;
    char *driver;

    if (argc > 1) {
        driver = argv[1];
    } else {
        driver = "/dev/binder";
    }

    bs = binder_open(driver, 128*1024);//1
    if (!bs) {
#ifdef VENDORSERVICEMANAGER
        ALOGW("failed to open binder driver %s\n", driver);
        while (true) {
            sleep(UINT_MAX);
        }
#else
        ALOGE("failed to open binder driver %s\n", driver);
#endif
```

```
        return -1;
    }

    if (binder_become_context_manager(bs)) {//2
        ALOGE("cannot become context manager (%s)\n", strerror(errno));
        return -1;
    }

    cb.func_audit = audit_callback;
    selinux_set_callback(SELINUX_CB_AUDIT, cb);
    cb.func_log = selinux_log_callback;
    selinux_set_callback(SELINUX_CB_LOG, cb);

    #ifdef VENDORSERVICEMANAGER
    sehandle = selinux_android_vendor_service_context_handle();
    #else
    sehandle = selinux_android_service_context_handle();
    #endif
    selinux_status_open(true);

    if (sehandle == NULL) {
        ALOGE("SELinux: Failed to acquire sehandle. Aborting.\n");
        abort();
    }

    if (getcon(&service_manager_context) != 0) {
        ALOGE("SELinux: Failed to acquire service_manager context. Aborting.\n");
        abort();
    }

      Binder_loop(bs, svcmgr_handler);//3

      return 0;
    }
```

在注释 1 处，打开 Binder 驱动，申请 128KB 的内存空间，将文件进行了 mmap 映射，并将对应的地址空间保存到结构体中。在注释 2 处，注册为 Binder 机制的管理者。在注释 3 处，启动循环，等待 Binder 驱动发来的消息，即客户端发来的请求。

（二）系统服务注册与查询

当有 service 请求时，ServiceManager 进程会从睡眠等待中被唤醒，并调用 svcmgr_handler()方法，简化后的关键代码如下：

```
//frameworks/native/cmds/servicemanager/service_manager.c
int svcmgr_handler(struct binder_state *bs,
                struct binder_transaction_data *txn,
                struct binder_io *msg,
                struct binder_io *reply)
{
…
   switch(txn->code) {
   case SVC_MGR_GET_SERVICE:
   case SVC_MGR_CHECK_SERVICE://1
      …
      handle = do_find_service(s, len, txn->sender_euid, txn->sender_pid);
      …
      return 0;
   case SVC_MGR_ADD_SERVICE://2
      …
      if (do_add_service(bs, s, len, handle, txn->sender_euid, allow_isolated,
dumpsys_priority, txn->sender_pid))
          return -1;
      break;
   case SVC_MGR_LIST_SERVICES: {//3
      …
      si = svclist;
      while (si) {
          if (si->dumpsys_priority & req_dumpsys_priority) {
             if (n == 0) break;
             n--;
          }
          si = si->next;
      }
      …
      return -1;
   }
   default:
      ALOGE("unknown code %d\n", txn->code);
      return -1;
   }
   bio_put_uint32(reply, 0);
   return 0;
}
```

在注释 1 处，根据 name（参数 s）查询 Server Handle。在注释 2 处，注册服务，将服务插入 svclist 链表，记录服务的 name（参数 s）与 handle 的关系。在注释 3 处，查询所有服务，返回存储所有服务的链表 svclist。

任务 2 认识 Android 系统进程启动过程的相关原理

认识安卓系统进程启动过程的相关原理

（一）应用程序进程概述

要想启动一个应用程序，先要保证这个应用程序所需要的应用程序进程已经启动。在 Android 应用程序框架层中，由 AMS（ActivityManagerService）组件负责为 Android 应用程序创建新的进程，它本身也运行在一个独立的进程之中，这个进程是在系统启动的过程中创建的。AMS 在启动应用程序时会检查这个应用程序需要的应用程序进程是否存在，不存在就会向 Zygote 进程发送一个创建应用程序进程的请求。

（二）应用程序进程创建过程

应用程序进程创建过程的步骤分为两部分，一部分是 AMS 请求 Zygote 创建应用程序进程，另一部分是 Zygote 接收请求并创建应用程序进程。该进程创建过程的时序图如图 7-1 所示。

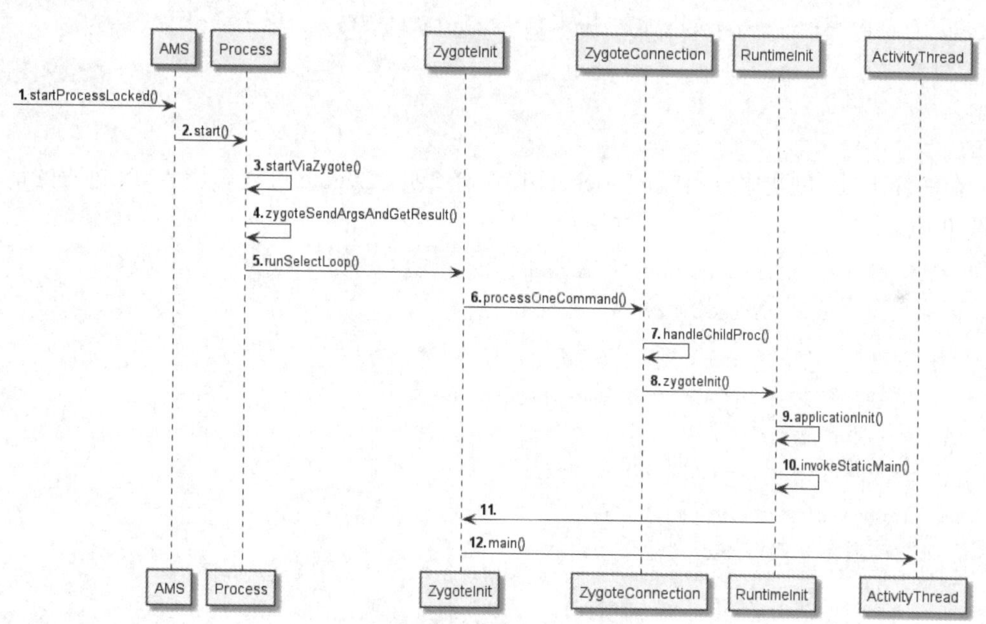

图 7-1 应用程序进程创建过程的时序图

1. AMS 请求 Zygote 创建应用程序进程

每当 ActivityManagerService 需要创建一个新的应用程序进程来启动一个应用程序组件时，它就会调用 ActivityManagerService 类的成员方法 startProcessLocked()向 Zygote 进程发送一个创建应用程序进程的请求，代码如下：

```
    //frameworks/base/services/core/java/com/android/server/am/ActivityStackSupervis
or.java
    void startSpecificActivityLocked(ActivityRecord r, boolean andResume,
```

```
boolean checkConfig) {
    mService.startProcessLocked(r.processName, r.info.applicationInfo, true, 0,
                        "activity", r.intent.getComponent(), false, false, true);
}
```

2. Zygote 接收请求并创建应用程序进程

Zygote 进程收到创建新的应用程序进程的请求后，会调用 processOneCommand()方法，使用 fork 在当前进程中创建子进程。子进程中使用 handleChildProc()方法调用 ZygoteInit()方法对子进程环境做初始化处理。zygoteInit()方法执行时，会跳转到 AMS 指定的类 ActivityThread 的 main()方法执行。整个过程经历了 4 个 Java 文件，分别是 ZygoteInit.java、ZygoteServer.java、ZygoteConnection.java 和 RuntimeInit.java，下面通过源代码分析具体流程：

```
//frameworks/base/core/java/com/android/internal/os/ZygoteInit.java
public static void main(String argv[]) {
    try {
        …
        zygoteServer.registerServerSocketFromEnv(socketName); //1
        …
        caller = zygoteServer.runSelectLoop(abiList); // 2
    }
  …
}
```

在注释 1 处，创建服务器端的 socket。在注释 2 处，Zygote 进程等待 AMS 进程的请求，代码如下：

```
//frameworks/base/core/java/com/android/internal/os/ZygoteServer.java
Runnable runSelectLoop(String abiList) {
ArrayList<FileDescriptor> fds = new ArrayList<FileDescriptor>();
ArrayList<ZygoteConnection> peers = new ArrayList<ZygoteConnection>();
while (true) {
  StructPollfd[] pollFds = new StructPollfd[fds.size()];
for (int i = pollFds.length - 1; i >= 0; --i) {
  if ((pollFds[i].revents & POLLIN) == 0) {
    continue;
}
if (i == 0) {
  ZygoteConnection newPeer = acceptCommandPeer(abiList);
  peers.add(newPeer);
  fds.add(newPeer.getFileDesciptor());
  else{
   …
   ZygoteConnection connection = peers.get(i);
   final Runnable command = connection.processOneCommand(this);//1
```

```
        }
    }
}
```

当有 AMS 的请求数据时，在注释 1 处，调用 processOneCommand()方法处理请求的数据，代码如下：

```
//frameworks/base/core/java/com/android/internal/os/ZygoteConnection.java
Runnable processOneCommand(ZygoteServer zygoteServer) {
{
    String args[];
Arguments parsedArgs = null;
FileDescriptor[] descriptors;
try {
        args = readArgumentList();//1
        descriptors = mSocket.getAncillaryFileDescriptors();
} catch (IOException ex) {
    …
}
…
parsedArgs = new Arguments(args);//2
…
  pid = Zygote.forkAndSpecialize(parsedArgs.uid, parsedArgs.gid, parsedArgs.gids,
        parsedArgs.runtimeFlags, rlimits, parsedArgs.mountExternal,
parsedArgs.seInfo, parsedArgs.niceName, fdsToClose, fdsToIgnore,
parsedArgs.startChildZygote, parsedArgs.instructionSet,
parsedArgs.appDataDir);//3

try {
    if (pid == 0) {//4
        zygoteServer.setForkChild();
        zygoteServer.closeServerSocket();
        IoUtils.closeQuietly(serverPipeFd);
        serverPipeFd = null;
        return handleChildProc(parsedArgs, descriptors, childPipeFd,
parsedArgs.startChildZygote);
}else{
    …
}finally{
    …
}
}
```

在注释 1 处，调用 readArgumentList()方法获取应用程序进程的启动参数，并保存到字符串数组中。在注释 2 处，将数组保存到 parsedArgs 对象中。在注释 3 处，调用 Zygote 的 forkAndSpecialize()方法创建应用程序进程，返回 pid。如果 pid 等于 0，则执行到注释 4 处，调用 handleChildProc()方法处理应用程序进程。该方法的源码如下：

```
//frameworks/base/core/java/com/android/internal/os/ZygoteConnection.java
private Runnable handleChildProc(Arguments parsedArgs, FileDescriptor[] descriptors,
FileDescriptor pipeFd, boolean isZygote) {
if (!isZygote) {
return ZygoteInit.zygoteInit(parsedArgs.targetSdkVersion,
parsedArgs.remainingArgs, null /* classLoader */);//1
} else {
…
}
}
```

在注释 1 处，调用 ZygoteInit 的 zygoteInit()方法。该方法的源码如下：

```
//frameworks/base/core/java/com/android/internal/os/ZygoteInit.java
public static final Runnable zygoteInit(int targetSdkVersion, String[] argv,
ClassLoader classLoader) {
    if (RuntimeInit.DEBUG) {
        Slog.d(RuntimeInit.TAG, "RuntimeInit: Starting application from zygote");
    }

    Trace.traceBegin(Trace.TRACE_TAG_ACTIVITY_MANAGER, "ZygoteInit");
    RuntimeInit.redirectLogStreams();

    RuntimeInit.commonInit();
    ZygoteInit.nativeZygoteInit();
    return RuntimeInit.applicationInit(targetSdkVersion, argv, classLoader);//1
}
```

在注释 1 处，调用 RuntimeInit 的 applicationInit ()方法。该方法的源码如下：

```
//frameworks/base/core/java/com/android/internal/os/RuntimeInit.java
protected static Runnable applicationInit(int targetSdkVersion, String[] argv,
                    ClassLoader classLoader) {
      nativeSetExitWithoutCleanup(true);
      VMRuntime.getRuntime().setTargetHeapUtilization(0.75f);
      VMRuntime.getRuntime().setTargetSdkVersion(targetSdkVersion);
      final Arguments args = new Arguments(argv);
      Trace.traceEnd(Trace.TRACE_TAG_ACTIVITY_MANAGER);
      return findStaticMain(args.startClass, args.startArgs, classLoader);//1
}
```

```
}
protected static Runnable findStaticMain(String className, String[] argv,
ClassLoader classLoader) {
    Class<?> cl;
    try {
        cl = Class.forName(className, true, classLoader);//2
    } catch (ClassNotFoundException ex) {
        …
    }
    Method m;
    try {
        m = cl.getMethod("main", new Class[] { String[].class });//3
    } catch (NoSuchMethodException ex) {
        …
    }
    …
    return new MethodAndArgsCaller(m, argv);//4
}
```

在注释 1 处，调用 findStaticMain()方法，方法的第一个参数 args.startClass 指的是 android.app.ActivityThread。在注释 2 处，通过反射获得 android.app.ActivityThread 类。在注释 3 处，通过反射获得 ActivityThread 的 main()方法。在注释 4 处，调用 MethodAndArgsCaller 的构造方法时，会调用其 run()方法，代码如下：

```
//frameworks/base/core/java/com/android/internal/os/RuntimeInit.java
static class MethodAndArgsCaller implements Runnable {
    private final Method mMethod;
    private final String[] mArgs;
    public MethodAndArgsCaller(Method method, String[] args) {
        mMethod = method;
        mArgs = args;
}

public void run() {
    try {
        mMethod.invoke(null, new Object[] { mArgs });//1
    } catch (IllegalAccessException ex) {
        …
    } catch (InvocationTargetException ex) {
        …
    }
}
```

在注释 1 处的 run()方法中，调用了 mMethod 的 invoke()方法，此处的 mMethod 指的就是 ActivityThread 的 main()方法，这样，应用程序进程就进入了 ActivityThread 的 main()方法中。至此，应用程序进程就创建完成了。

（三）Binder 线程池启动过程及开启消息循环机制

应用程序进程创建后，会做两个工作，一是创建 Binder 线程池，二是调用 ActivityThread 的 main()方法。

1. Binder 线程池的启动过程

启动线程池的入口在注释 1 处，即 ZygoteInit 的 nativeZygoteInit()方法中，代码如下：

```
//frameworks/base/core/java/com/android/internal/os/ZygoteInit.java
public static final Runnable zygoteInit(int targetSdkVersion, String[] argv,
ClassLoader classLoader) {
    ZygoteInit.nativeZygoteInit();//1
    return RuntimeInit.applicationInit(targetSdkVersion, argv, classLoader);
}
…
private static final native void nativeZygoteInit();//2
```

从注释 2 的修饰符 native 中可以看出，nativeZygoteInit()是一个 JNI 方法，源码位于 frameworks/base/core/jni 目录下的 AndroidRuntime.cpp 中，内部调用的是 frameworks/base/cmds/app_process/app_main.cpp 的 onZygoteInit()方法。该方法的源码如下：

```
//frameworks/base/cmds/app_process/app_main.cpp
virtual void onZygoteInit()
{
sp<ProcessState> proc = ProcessState::self();
ALOGV("App process: starting thread pool.\n");
proc->startThreadPool();//1
}
```

在注释 1 处调用 ProcessState 的 startThreadPool()方法启动 Binder 线程。该方法的源码如下：

```
//frameworks/native/libs/binder/ProcessState.cpp
void ProcessState::startThreadPool()
{
    AutoMutex _l(mLock);
    if (!mThreadPoolStarted) {//1
        mThreadPoolStarted = true;//2
        spawnPooledThread(true);//3
    }
}
```

ProcessState 中的变量 mThreadPoolStarted 用来记录 Binder 线程池是否被启动过，默认值为 false，表示未被启动。在注释 1 处判断 mThreadPoolStarted 的值，如果未被启动，则在注释 2 处将其值置为 true，并在注释 3 处调用 spawnPooledThread()方法创建线程池中的第一个线程，即线程池的主线程，代码如下：

```
//frameworks/native/libs/binder/ProcessState.cpp
void ProcessState::spawnPooledThread(bool isMain)
{
    if (mThreadPoolStarted) {
        String8 name = makeBinderThreadName();
        ALOGV("Spawning new pooled thread, name=%s\n", name.string());
        sp<Thread> t = new PoolThread(isMain);//1
        t->run(name.string());//2
    }
}
```

从注释 1 处可以看出 Binder 线程为一个 PoolThread。在注释 2 处调用 PoolThread 的 run()方法来启动一个新线程。PoolThread 能将当前线程注册到 Binder 驱动程序中，这样新创建的线程就加入了 Binder 线程池。

2. 开启消息循环机制

调用 ActivityThread 的 main()方法的过程已经在本任务的“Zygote 接收请求并创建应用程序进程”部分做出分析，现在主要分析 main()方法做了哪些工作，代码如下：

```
//frameworks/base/core/java/android/app/ActivityThread.java
public static void main(String[] args) {
Looper.prepareMainLooper();//1
 ActivityThread thread = new ActivityThread();//2
   thread.attach(false);
if (sMainThreadHandler == null) {
     sMainThreadHandler = thread.getHandler();//3
}
if (false) {
     Looper.myLooper()
.setMessageLogging(new LogPrinter(Log.DEBUG, "ActivityThread"));
}
Trace.traceEnd(Trace.TRACE_TAG_ACTIVITY_MANAGER);
Looper.loop();//4
throw new RuntimeException("Main thread loop unexpectedly exited");
}
```

ActivityThread 就是我们常说的主线程或 UI 线程，ActivityThread 的 main()方法是一个 App 的真正入口。在注释 1 处，创建主线程轮询器 looper。在注释 2 处，创建 ActivityThread，用于管理当前应用程序进程的主线程。在注释 3 处，获取 ActivityThread 内部类 H 赋值给 sMainThreadHandler，H 继承自 Handler，用于处理主线程的消息循环。在注释 4 处，调用 Looper 的 loop()方法开始工作。

任务 3 认识 Android 组件的相关原理

（一）根 Activity 的启动过程

1. Launcher 向 AMS 发起 startActivity 请求

Launcher 收到用户点击事件后，向活动管理服务器（Activity Manager Service，AMS）发起 startActivity 请求，通知 AMS 将要启动新的 Activity 了。其具体过程如图 7-2 所示。

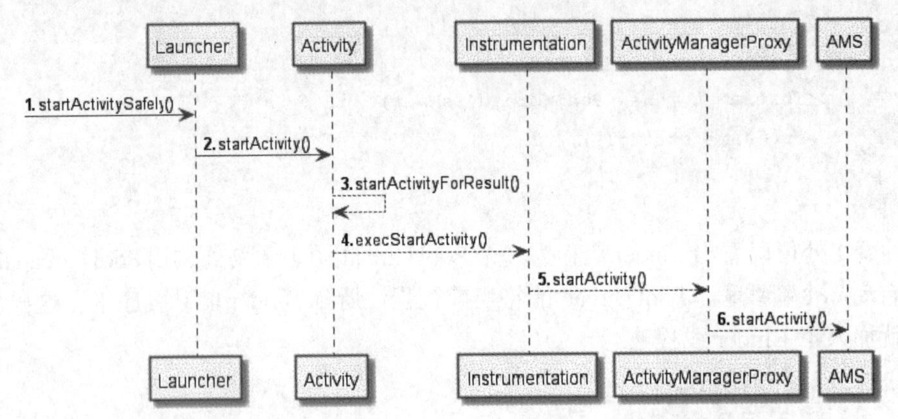

图 7-2　Launcher 向 AMS 发起 startActivity 请求的时序图

2. Activity 的应用程序进程的启动过程

AMS 收到请求，记录下将要启动的 Activity 的信息，将任务栈栈顶的 Activity 暂停，并把将要启动的 Activity 放到栈顶。然后检查 Activity 所在进程是否存在，如果存在，就通知这个进程，并在该进程中启动 Activity；如果不存在，则创建一个新进程。

其间用到的类和方法如图 7-3 所示。ActivityStackSupervisor 主要判断 Activity 的状态（是否处于栈顶或处于停止状态等），ActivityStack 主要处理 Activity 在栈中的状态，之后又回到 ActivityStackSupervisor，判断即将启动的 Activity 所在的进程是否已经创建。

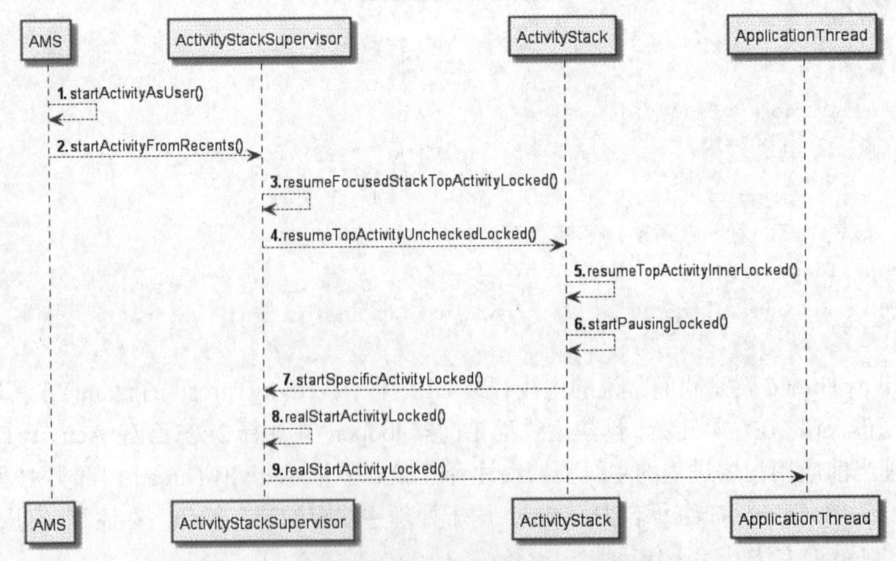

图 7-3　Activity 的应用程序进程的启动时序图

3. ActivityThread 启动 Activity 的过程

ApplicationThread 接收到服务器端的事务后，把事务直接转交给 ActivityThread 处理。ActivityThread 通过 Instrumentation 利用类加载器创建 Activity 实例，同时利用 Instrumentation 回调 Activity 的生命周期方法。其主要流程如图 7-4 所示。

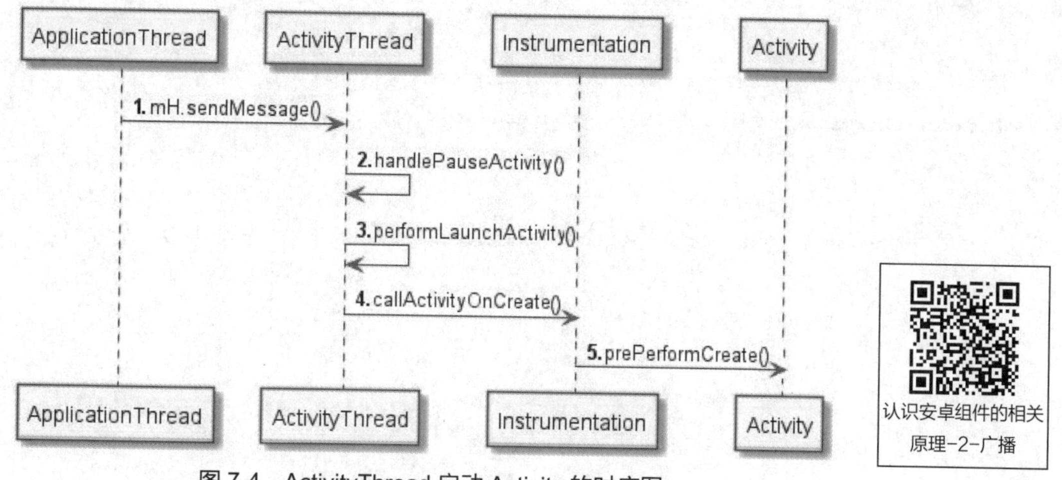

图 7-4　ActivityThread 启动 Activity 的时序图

（二）广播的注册、发送和接收流程

在 Android 系统中，广播是一种运用在组件之间传递消息的机制，广播接收者是 Android 四大组件之一，下面将从注册、发送和接收这 3 个方面介绍广播的工作过程。

1. 广播的注册流程

注册的目的是过滤出广播接收者感兴趣的广播，注册分为静态注册和动态注册两种方式。由于官方对耗电量的优化，避免 App 滥用广播，Android8.0 之后，除了少部分的广播仍支持静态注册（如开机广播）外，其余的都会出现失效的情况。因此，本书仅讨论动态注册的过程。

BroadcastReceiver 的注册是从 ContextWrapper 的 registerReceiver()方法开始的，代码如下：

```
//frameworks/base/core/java/android/content/ContextWrapper.java
public class ContextWrapper extends Context {
Context mBase;//1
…
@Override
   public Intent registerReceiver(BroadcastReceiver receiver, IntentFilter filter,
        String broadcastPermission, Handler scheduler) {
      return mBase.registerReceiver(receiver, filter, broadcastPermission,
       scheduler);//2
   }
}
```

注释 2 处调用 mBase 的 registerReceiver ()方法，从注释 1 处可以看出 mBase 是 Context 类型，Context 是抽象类，它的具体实现类是 ContextImpl，源码如下：

```
//frameworks/base/core/java/android/app/ContextImpl.java
class ContextImpl extends Context {
    …
    @Override
    public Intent registerReceiver(BroadcastReceiver receiver, IntentFilter filter,
        String broadcastPermission, Handler scheduler) {
        return registerReceiverInternal(receiver, getUserId(),filter,
broadcastPermission, scheduler, getOuterContext(), 0);//1
    }

    private  Intent  registerReceiverInternal(BroadcastReceiver  receiver,  int
userId,
            IntentFilter filter, String broadcastPermission,
            Handler scheduler, Context context, int flags) {
        IIntentReceiver rd = null;
        if (receiver != null) {
            …
        }
        try {
            final Intent intent = ActivityManager.getService().registerReceiver(
                mMainThread.getApplicationThread(), mBasePackageName,
                    rd, filter, broadcastPermission, userId, flags);//2
            …
            return intent;
        }
        …
    }
```

在 ContextImpl 的 registerReceiver()方法的注释 1 处会返回 registerReceiverInternal()方法。在 registerReceiverInternal()方法的注释 2 处，ActivityManager 的 getService()方法获取了 AMS 的代理 IIntentReceiver，IIntentReceiver 是一个 Binder 接口，用于广播的跨进程通信,通过这个代理向 AMS 进程发送 registerReceiver 的消息,最终调用 AMS 的 registerReceiver()方法。该方法的源码如下：

```
/frameworks/base/services/core/java/com/android/server/am/ActivityManagerService
.java
  public Intent registerReceiver(IApplicationThread caller, String callerPackage,
            IntentReceiver  receiver,  IntentFilter  filter,  String  permission,  int
userId,
  int flags) {
        …
        synchronized(this) {
```

```
        ...
        ReceiverList rl = mRegisteredReceivers.get(receiver.asBinder());//1
        if (rl == null) {
            rl = new ReceiverList(this, callerApp, callingPid, callingUid,
                    userId, receiver);//2
            if (rl.app != null) {
                final int totalReceiversForApp = rl.app.receivers.size();
                ...
            }
            ...
        }
        BroadcastFilter bf = new BroadcastFilter(filter, rl, callerPackage,
permission, callingUid, userId, instantApp, visibleToInstantApps);//3
if (rl.containsFilter(filter)) {
...
} else {
    rl.add(bf);//4
    mReceiverResolver.addFilter(bf);//5
}
        }
        ...
}
```

从注释 1 处获取 ReceiverList 集合 rl，该集合存储的是广播接收者。如果 rl 为空，则在注释 2 处创建 rl。将 rl 集合作为参数传入注释 3 处的方法中，创建 BroadcastFilter 对象 bf，BroadcastFilter 相当于注册广播时使用的 intentFilter。在注释 4 处将 bf 添加到 rl 中。在注释 5 处将新建的 BroadcastFilter 对象 bf 加入 mReceiverResolver 中。这样当 AMS 接收到广播时就可以从 mReceiverResolver 中找到对应的广播接收者，从而达到注册广播的目的。

广播动态注册过程时序图如图 7-5 所示。

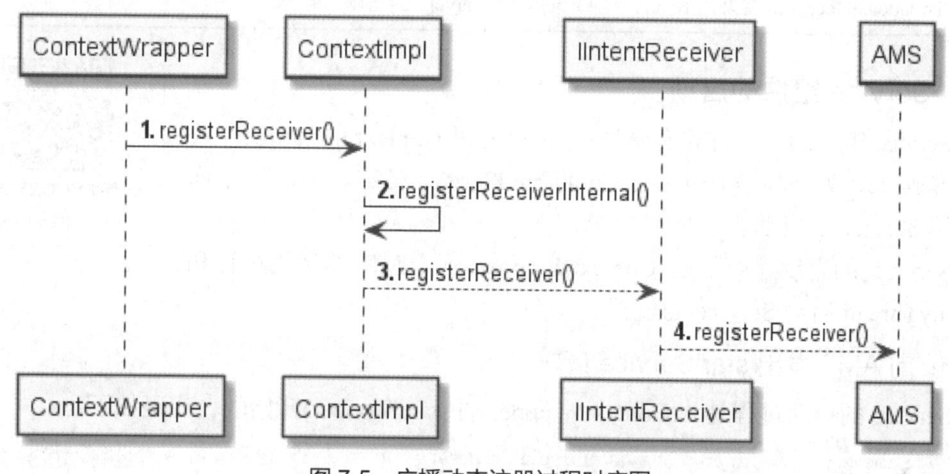

图 7-5　广播动态注册过程时序图

2. 广播的发送和接收流程

Android 系统提供了两种广播，分别是有序广播和无序广播。本书以无序广播为例介绍广播的发送和接收流程。

广播的发送涉及 3 个进程：一是 Activity 所在的进程，二是 AMS 进程，三是广播接收器所在的进程。Activity 把广播发送到 AMS 中，AMS 会检查广播是否合法，然后根据过滤规则 IntentFilter，把符合条件的广播接收者 BroadcastReceiver 存放到队列中，对广播接收者进行权限检查。通过检查判断广播接收者所在的应用程序进程是否存在并且正在运行，如果是，则用广播接收者所在的应用程序进程来接收广播。将广播的 intent 等信息封装为 Args 对象，以 Args 对象为参数调用 mActivityThread 的 post()方法。这样，在执行 BroadcastReceiver 类型的 receiver 对象的 onReceive()方法时，注册的广播接收者就收到了广播并得到了 intent。

用到的源码文件如表 7-1 所示，具体代码不再列出。

表 7-1　广播发送和接收涉及的主要源码文件列表

/frameworks/base/core/java/android/content/ContextWrapper.java /frameworks/base/core/java/android/app/ContextImpl.java /frameworks/base/services/core/java/com/android/server/am/ActivityManagerService.java 把广播发送到 AMS
/frameworks/base/services/core/java/com/android/server/am/ActivityManagerService.java 验证广播是否合法 根据过滤规则 IntentFilter，把符合条件的广播接收者 BroadcastReceiver 存放到队列中
/frameworks/base/services/core/java/com/android/server/am/BroadcastQueue.java 对广播接收者进行权限检查 判断广播接收者所在的应用程序进程是否存在并且正在运行
/frameworks/base/core/java/android/app/ActivityThread.java /frameworks/base/core/java/android/app/LoadedApk.java 将广播的 intent 等信息封装为 Args 对象 执行 BroadcastReceiver 类型的 receiver 对象的 onReceive()方法

（三）Service 组件的启动

认识安卓组件的相关原理 -3-startService

Service 组件的启动方式有两种：一种是通过 Context 的 startService 启动 Service，另一种是通过 Context 的 bindService 绑定 Service。下面先介绍 Service 的启动。

Service 的启动经历了从 ContextWrapper 到 AMS 的调用过程和 ActivityThread 启动 Service 的过程。

1. 向 AMS 发出 startService 请求

Service 的启动过程是从 ContextWrapper 的 startService()开始的，代码如下：

```
//frameworks/base/core/java/android/content/ContextWrapper.java
```

```
public class ContextWrapper extends Context {
Context mBase;//1
…
@Override
    public ComponentName startService(Intent service) {
        return mBase.startService(service);//2
    }
}
```

从注释 2 处调用 mBase 的 startService()方法，从注释 1 处可以看出 mBase 是 Context 类型，Context 是抽象类，它的具体实现类是 ContextImpl，源码如下：

```
//frameworks/base/core/java/android/app/ContextImpl.java
class ContextImpl extends Context {
    …
    @Override
    public ComponentName startService(Intent service) {
        warnIfCallingFromSystemProcess();
return startServiceCommon(service, false, mUser);//1
    }
…
    private ComponentName startServiceCommon(Intent service,
boolean requireForeground, UserHandle user) {
        try {
            validateServiceIntent(service);
            service.prepareToLeaveProcess(this);
            ComponentName cn = ActivityManager.getService().startService(
                mMainThread.getApplicationThread(), service,
service.resolveTypeIfNeeded(getContentResolver()),
requireForeground, getOpPackageName(),user.getIdentifier());//2
            …
            return cn;
        } catch (RemoteException e) {
            throw e.rethrowFromSystemServer();
        }
    }
    …
}
```

在 ContextImpl 的 startService()方法的注释 1 处会返回 startServiceCommon()方法。在 startServiceCommon()方法的注释 2 处，ActivityManager 的 getService()方法获取到了 AMS 的代理 IActivityManager，通过这个代理向 AMS 进程发送 startService 的消息，最终调用 AMS 的 startService()方法。ContextWrapper 到 AMS 的调用过程时序图如图 7-6 所示。

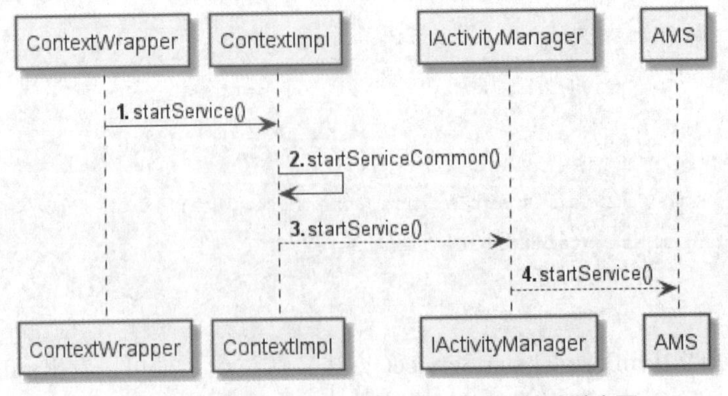

图 7-6　ContextWrapper 到 AMS 的调用过程时序图

2. 通过 ActivityThread 启动 Service

先来看一下上一个步骤中 AMS 的 startService()方法，代码如下：

```
//frameworks/base/services/core/java/com/android/server/am/ActivityManagerServic
e.java
  …
  final ActiveServices mServices;//1
  …
  @Override
    public ComponentName startService(IApplicationThread caller, Intent service,
          String resolvedType, boolean requireForeground,
  String callingPackage, int userId) throws TransactionTooLargeException {
        enforceNotIsolatedCaller("startService");
        …
        synchronized(this) {
            final int callingPid = Binder.getCallingPid();
            final int callingUid = Binder.getCallingUid();
            final long origId = Binder.clearCallingIdentity();
            ComponentName res;
            try {
                res = mServices.startServiceLocked(caller, service,
                        resolvedType, callingPid, callingUid,
                        requireForeground, callingPackage, userId);//2
            } finally {
                Binder.restoreCallingIdentity(origId);
            }
            return res;
        }
    }
```

注释 2 处调用 startServiceLocked()方法的是对象 mServices，从注释 1 处可知，mServices 是 ActiveServices 类的对象，ActiveServices 是一个辅助 AMS 进行 Service 管理

的类。进入 ActiveServices 类查看 startServiceLocked()方法，代码如下：

```
//frameworks/base/services/core/java/com/android/server/am/ActiveServices.java
ComponentName startServiceLocked(IApplicationThread caller, Intent service,
String resolvedType, int callingPid, int callingUid, boolean fgRequired,
String callingPackage, final int userId) throws TransactionTooLargeException {
    …
    ServiceLookupResult res =retrieveServiceLocked(service, resolvedType,
callingPackage, callingPid, callingUid, userId, true, callerFg, false, false);//1
    if (res == null) {
        return null;
    }
    if (res.record == null) {
        return new ComponentName("!", res.permission != null
                ? res.permission : "private to package");
    }
    ServiceRecord r = res.record;//2
    …
    ComponentName cmp = startServiceInnerLocked(smap, service, r, callerFg,
addToStarting);//3
    return cmp;
}
```

注释 1 处的 retrieveServiceLocked()方法的功能是查找是否有参数 service 的记录，如果没有，则去获取 service 的相关信息，并将其封装成 ServiceLookupResult 返回。在注释 2 处，取出 ServiceLookupResult 的 ServiceRecord，ServiceRecord 记录了 AndroidManifest.xml 定义的 service 标签的 intent-filter 相关内容。然后将 ServiceRecord 作为参数传入注释 3 处的 startServiceInnerLocked()方法中。该方法的源码如下：

```
//frameworks/base/services/core/java/com/android/server/am/ActiveServices.java
ComponentName startServiceInnerLocked(ServiceMap smap, Intent service,
ServiceRecord r, boolean callerFg, boolean addToStarting)
throws TransactionTooLargeException {
        String error = bringUpServiceLocked(r, service.getFlags(), callerFg, false,
false);
        if (error != null) {
            return new ComponentName("!!", error);
        }
        return r.name;
    }
```

在 startServiceInnerLocked()方法中，调用了 bringUpServiceLocked()方法。bringUpServiceLocked()方法比较重要，下面进入源码查看该方法：

```
//frameworks/base/services/core/java/com/android/server/am/ActiveServices.java
private String bringUpServiceLocked(ServiceRecord r, int intentFlags, boolean
execInFg,
```

```
boolean whileRestarting, boolean permissionsReviewRequired)
throws TransactionTooLargeException {
…
final ActivityManagerService mAm;//1
…
if (r.app != null && r.app.thread != null) {//2
    sendServiceArgsLocked(r, execInFg, false);
    return null;
}
…
        if (!isolated) {
            app = mAm.getProcessRecordLocked(procName, r.appInfo.uid, false);
            if (DEBUG_MU)
Slog.v(TAG_MU, "bringUpServiceLocked: appInfo.uid="
 + r.appInfo.uid  + " app=" + app);
            if (app != null && app.thread != null) {//3
                try {
                    app.addPackage(r.appInfo.packageName,
r.appInfo.longVersionCode, mAm.mProcessStats);
                    realStartServiceLocked(r, app, execInFg);
                    return null;
                } catch (TransactionTooLargeException e) {
                    throw e;
                } catch (RemoteException e) {
                    Slog.w(TAG, "Exception when starting service " + r.shortName, e);
            }
        }
        …
        if (app == null && !permissionsReviewRequired) {//4
            if ((app=mAm.startProcessLocked(procName, r.appInfo, true, intentFlags,
                hostingType, r.name, false, isolated, false)) == null) {//5
                    String msg = "Unable to launch app "
                        + r.appInfo.packageName + "/"
                        + r.appInfo.uid + " for service "
                        + r.intent.getIntent() + ": process is bad";
                Slog.w(TAG, msg);
                bringDownServiceLocked(r);
                return msg;
            }
            if (isolated) {
                r.isolatedProc = app;
            }
```

```
    }
    …
    return null;
}
```

注释 2 处的代码表示，如果此 Service 已经被启动，则通过 sendServiceArgsLocked()方法跨进程进行 onStartCommand()方法的异步调用。注释 3 处的代码表示，如果用来运行 Service 的进程已经启动，则调用 realStartServiceLocked()方法进入启动 Service 的流程。注释 4 处的代码表示，如果用来运行 Service 的进程没有启动，则通过注释 5 处的 mAm 的 startProcessLocked()方法创建对应的应用程序进程。通过注释 1 可以知道 mAm 是一个 AMS。

下面查看 realStartServiceLocked()方法的源码：

```
//frameworks/base/services/core/java/com/android/server/am/ActiveServices.java
private final void realStartServiceLocked(ServiceRecord r, ProcessRecord app,
boolean execInFg) throws RemoteException {
…
boolean created = false;
try {
    app.thread.scheduleCreateService(r, r.serviceInfo,
         mAm.compatibilityInfoForPackageLocked(r.serviceInfo.applicationInfo),
app.repProcState);
r.postNotification();
created = true;
}
…
}
```

在 realStartServiceLocked()方法中，调用了 app.thread 的 scheduleCreateService()方法，app.thread 是 IApplicationThread 类型，它的实现类是 ActivityThread 的内部类 ApplicationThread。scheduleCreateService()方法的源码如下：

```
/frameworks/base/core/java/android/app/ActivityThread.java
public final void scheduleCreateService(IBinder token, ServiceInfo info,
CompatibilityInfo compatInfo, int processState) {
updateProcessState(processState, false);
    CreateServiceData s = new CreateServiceData();
    s.token = token;
    s.info = info;
    s.compatInfo = compatInfo;
    sendMessage(H.CREATE_SERVICE, s);//1
}
```

在 scheduleCreateService()方法的注释 1 处，调用 sendMessage()方法向 ActivityThread 的内部类 H 发送创建 Service 的消息，标志是 CREATE_SERVICE。

消息发出后，使用 handleMessage()方法对消息进行处理，代码如下：

```
/frameworks/base/core/java/android/app/ActivityThread.java
public void handleMessage(Message msg) {
    …
    switch (msg.what) {
        case CREATE_SERVICE:
            Trace.traceBegin(Trace.TRACE_TAG_ACTIVITY_MANAGER,
("serviceCreate: " + String.valueOf(msg.obj)));
            handleCreateService((CreateServiceData)msg.obj);
            Trace.traceEnd(Trace.TRACE_TAG_ACTIVITY_MANAGER);
            break;
        …
    }
    …
}
```

在 handleMessage()方法中，根据上一步骤传递过来的消息标志 CREATE_SERVICE，调用 handleCreateService()方法，该方法的源码如下：

```
/frameworks/base/core/java/android/app/ActivityThread.java
private void handleCreateService(CreateServiceData data) {
…
try {
java.lang.ClassLoader cl = packageInfo.getClassLoader();
        service = packageInfo.getAppFactory().instantiateService(cl,
data.info.name, data.intent);//1
    } catch (Exception e) {
        …
    }
    try {
        if (localLOGV) Slog.v(TAG, "Creating service " + data.info.name);
    ContextImpl context = ContextImpl.createAppContext(this, packageInfo);//2
        context.setOuterContext(service);
        Application app = packageInfo.makeApplication(false, mInstrumentation);
        service.attach(context, this, data.info.name, data.token, app,
                ActivityManager.getService());//3
        service.onCreate();//4
        mServices.put(data.token, service);
        try {
            ActivityManager.getService().serviceDoneExecuting(data.token,
              SERVICE_DONE_EXECUTING_ANON, 0,0);
            } catch (RemoteException e) {
              throw e.rethrowFromSystemServer();
            }
   } catch (Exception e) {
```

```
        ...
    }
}
```

在注释 1 处创建 Service 实例，在注释 2 处创建 Service 的上下文环境 ContextImpl 对象 context，在注释 3 处通过 attach()方法初始化 Service，在注释 4 处调用 Service 的 onCreate()方法。至此，Service 就成功启动了。

ActivityThread 启动 Service 的时序图如图 7-7 所示。

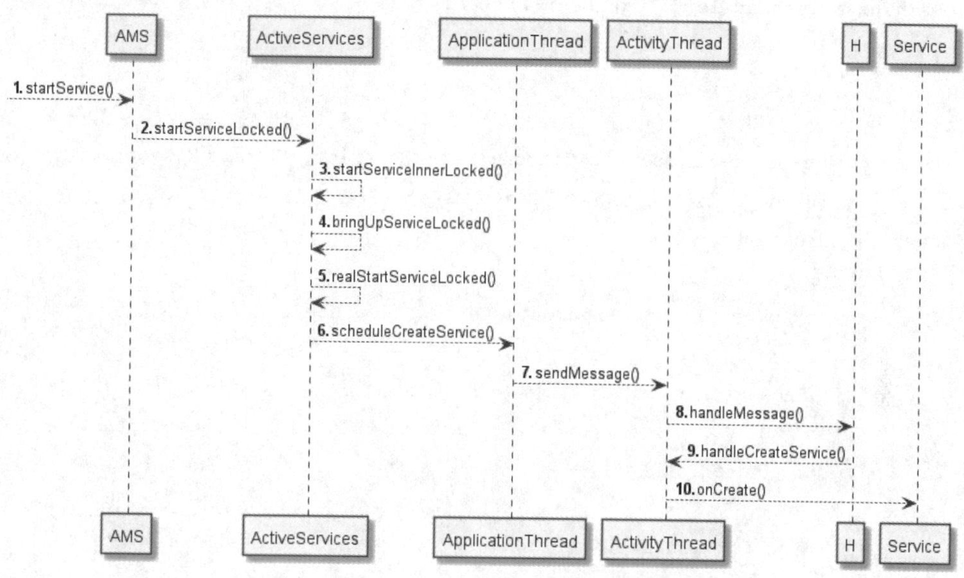

图 7-7　ActivityThread 启动 Service 的时序图

（四）Service 的绑定

认识安卓组件的相关原理-3-bindService_1

下面介绍 Service 的绑定。

Service 的绑定经历了从 ContextWrapper 到 AMS 的调用过程和 Service 的绑定过程。

1. 向 AMS 发送 bindService 请求

Service 的绑定过程是从 ContextWrapper 的 bindService()方法开始的，代码如下：

```
//frameworks/base/core/java/android/content/ContextWrapper.java
public class ContextWrapper extends Context {
Context mBase;//1
...
@Override
    public boolean bindService(Intent service, ServiceConnection conn, int flags)
        return mBase.bindService(service, conn, flags);//2
    }
}
```

从注释 2 处调用 mBase 的 bindService()方法，从注释 1 处可以看出 mBase 是 Context 类型，Context 是抽象类，它的具体实现类是 ContextImpl，源码如下：

```
//frameworks/base/core/java/android/app/ContextImpl.java
class ContextImpl extends Context {
    …
    @Override
    public boolean bindService(Intent service, ServiceConnection conn, int flags) {
        warnIfCallingFromSystemProcess();
return bindServiceCommon(service, conn, flags,
mMainThread.getHandler(), getUser()); //1

    }
…
    private boolean bindServiceCommon(Intent service, ServiceConnection conn,
int flags, Handler handler, UserHandle user) {
IServiceConnection sd;
        if (conn == null) {
            throw new IllegalArgumentException("connection is null");
        }
        if (mPackageInfo != null) {
            sd = mPackageInfo.getServiceDispatcher(conn, getOuterContext(),
                handler, flags);
        } else {
            throw new RuntimeException("Not supported in system context");
        }
        validateServiceIntent(service);
        try {
            int res = ActivityManager.getService().bindService(
                mMainThread.getApplicationThread(),getActivityToken(), service,
service.resolveTypeIfNeeded(getContentResolver()),sd, flags,
                getOpPackageName(),user.getIdentifier());//2
            if (res < 0) {
                throw new SecurityException(
                        "Not allowed to bind to service " + service);
            }
            return res != 0;
        } catch (RemoteException e) {
            throw e.rethrowFromSystemServer();
        }
    }
    …
}
```

在 ContextImpl 的 bindService()方法的注释 1 处会返回 bindServiceCommon()方法。在 bindServiceCommon()方法的注释 2 处，ActivityManager 的 getService()方法获取到了 AMS

的代理类 IActivityManager，接着通过这个代理类向 AMS 发送 bindService 的消息，最终调用 AMS 的 bindService()方法。其时序图如图 7-8 所示。

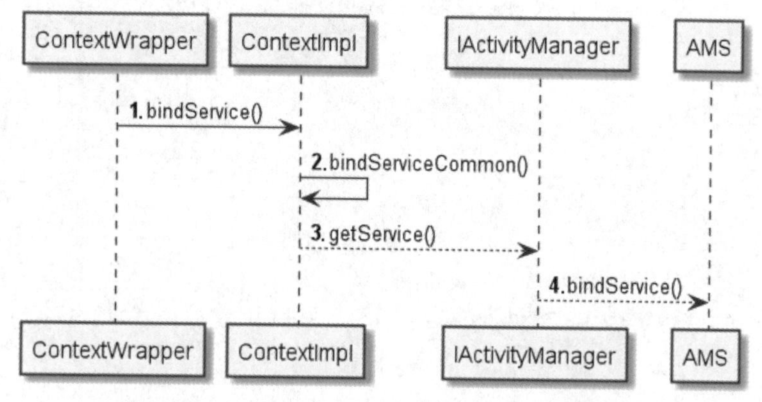

图 7-8 ContextWrapper 到 AMS 的调用过程时序图

2. Service 的绑定过程

先来看一下上一个步骤中 AMS 的 bindService()方法，代码如下：

```
//frameworks/base/services/core/java/com/android/server/am/ActivityManagerServic
e.java
...
final ActiveServices mServices;//1
...
public int bindService(IApplicationThread caller, IBinder token, Intent service,
String resolvedType, IServiceConnection connection, int flags,
String callingPackage, int userId) throws TransactionTooLargeException {
 ...
   synchronized(this) {
      return mServices.bindServiceLocked(caller, token, service,
            resolvedType, connection, flags, callingPackage, userId);//2
   }
}
```

从注释 2 处调用 bindServiceLocked()方法的是对象 mServices，从注释 1 处可知，mServices 是 ActiveServices 类的对象，ActiveServices 是一个辅助 AMS 进行 Servcie 管理的类。进入 ActiveServices 类查看 bindServiceLocked()方法，该方法的源码如下：

```
//frameworks/base/services/core/java/com/android/server/am/ActiveServices.java
int bindServiceLocked(IApplicationThread caller, IBinder token, Intent service,
      String resolvedType, final IServiceConnection connection, int flags,
      String callingPackage, final int userId) throws TransactionTooLargeException {
   ...
   try {
      ...
      if ((flags&Context.BIND_AUTO_CREATE) != 0) {
```

```
            s.lastActivity = SystemClock.uptimeMillis();
            if (bringUpServiceLocked(s, service.getFlags(), callerFg, false,
                    permissionsReviewRequired) != null) {//1
                return 0;
            }
        }
        …
        if (s.app != null && b.intent.received) {
            …
        } else if (!b.intent.requested) {
            requestServiceBindingLocked(s, b.intent, callerFg, false);//2
        }
    }
}
```

从注释 1 处调用 bringUpServiceLocked()方法，在 bringUpServiceLocked()方法中会调用 realStartServiceLocked()方法，最终由 ActivityThread 来调用 Service 的 onCreate()方法启动 Service，关于启动 Service 已经在前文介绍了，这里不再赘述。注释 2 处代码表示当 Service 没有绑定时调用 requestServiceBindingLocked()方法，该方法的源码如下：

```
//frameworks/base/services/core/java/com/android/server/am/ActiveServices.java
private final boolean requestServiceBindingLocked(ServiceRecord r, IntentBindRecord i,
        boolean execInFg, boolean rebind) throws TransactionTooLargeException {
    if ((!i.requested || rebind) && i.apps.size() > 0) {
        try {
            bumpServiceExecutingLocked(r, execInFg, "bind");
            r.app.forceProcessStateUpTo(ActivityManager.PROCESS_STATE_SERVICE);
            r.app.thread.scheduleBindService(r, i.intent.getIntent(), rebind,
                    r.app.repProcState);//1
            if (!rebind) {
                i.requested = true;
            }
            i.hasBound = true;
            i.doRebind = false;
        }catch (TransactionTooLargeException e) {
            …
        }catch (RemoteException e) {
            …
        }
    }
    return true;
}
```

注释 1 处的 r.app.thread 是 IApplicationThread 类型，它的实现类是 ActivityThread 的内部类 ApplicationThread，通过 Binder 机制调用 ApplicationThread 的 scheduleBindService()

方法，该方法的源码如下：

```
/frameworks/base/core/java/android/app/ActivityThread.java
public final void scheduleBindService(IBinder token, Intent intent,
        boolean rebind, int processState) {
    updateProcessState(processState, false);
    /*1*/
BindServiceData s = new BindServiceData();
    s.token = token;
s.intent = intent;
    s.rebind = rebind;
    if (DEBUG_SERVICE)
        Slog.v(TAG, "scheduleBindService token=" + token + " intent="
+ intent + " uid="+ Binder.getCallingUid()
+ " pid=" + Binder.getCallingPid());
    sendMessage(H.BIND_SERVICE, s);//2
}
```

在注释 1 处，scheduleBindService()方法将 Service 信息封装成 BindServiceData 对象 s。在注释 2 处，调用 sendMessage()方法向 ActivityThread 的内部类 H 发送绑定 Service 的消息，标志是 BIND_SERVICE。handleMessage()方法的源码如下：

```
/frameworks/base/core/java/android/app/ActivityThread.java
public void handleMessage(Message msg) {
    …
    switch (msg.what) {
        case BIND_SERVICE:
            Trace.traceBegin(Trace.TRACE_TAG_ACTIVITY_MANAGER, "serviceBind");
            handleBindService((BindServiceData)msg.obj);
            Trace.traceEnd(Trace.TRACE_TAG_ACTIVITY_MANAGER);
            break;
        …
    }
    …
}
```

在 handleMessage()中，根据上一个步骤传递过来的消息标志 BIND_SERVICE，调用 handleBindService ()方法，该方法的源码如下：

```
/frameworks/base/core/java/android/app/ActivityThread.java
    private void handleBindService(BindServiceData data) {
        Service s = mServices.get(data.token);//1
        …
        if (s != null) {
            try {
                data.intent.setExtrasClassLoader(s.getClassLoader());
```

```
                data.intent.prepareToEnterProcess();
                try {
                    if (!data.rebind) {
                        IBinder binder = s.onBind(data.intent);
                        ActivityManager.getService().publishService(
                                data.token, data.intent, binder);//2
                    } else {
                      …
                    }
                    ensureJitEnabled();
                } catch (RemoteException ex) {
                    throw ex.rethrowFromSystemServer();
                }
            } catch (Exception e) {
                …
            }
        }
    }
```

在注释 1 处获取要绑定的 Service。注释 2 处的代码表示，如果 Service 还没绑定，则通过 ActivityManager.getService()方法获得 AMS，并通过 AMS 调用 publishService()方法，该方法的源码如下：

```
    //frameworks/base/services/core/java/com/android/server/am/ActivityManagerServic
e.java
    public void publishService(IBinder token, Intent intent, IBinder service) {
        …
        final ActiveServices mServices;//1
        …
        synchronized(this) {
            if (!(token instanceof ServiceRecord)) {
                throw new IllegalArgumentException("Invalid service token");
            }
            mServices.publishServiceLocked((ServiceRecord)token, intent, service);//2
        }
    }
```

在 publishService()方法的注释 2 处，调用 mServices 的 publishServiceLocked()方法。从注释 1 可以知道 mServices 的类型是 ActiveServices。publishServiceLocked()方法的源码如下：

```
    /frameworks/base/services/core/java/com/android/server/am/ActiveServices.java
    void publishServiceLocked(ServiceRecord r, Intent intent, IBinder service) {
        …
        try {
            …
            if (r != null) {
```

```
                Intent.FilterComparison filter= new Intent.FilterComparison(intent);
              IntentBindRecord b = r.bindings.get(filter);
                if (b != null && !b.received) {
                    b.binder = service;
                    b.requested = true;
                    b.received = true;
                    for (int conni=r.connections.size()-1; conni>=0; conni--) {
                       …
                        for (int i=0; i<clist.size(); i++) {
                           …
                            try {
                                c.conn.connected(r.name, service, false);//1
                            } catch (Exception e) {
                               …
                            }
                        }
                    }
                }
               …
            }
        } finally {
            Binder.restoreCallingIdentity(origId);
        }
}
```

注释 1 处的 c.conn 的类型是 IServiceConnection，它是 ServiceConnection 在本地的代理，用于解决当前应用程序进程和 Service 跨进程通信的问题。IServiceConnection 的具体实现类是 ServiceDispatcher.InnerConnection，ServiceDispatcher 是 LoadedApk 的内部类，代码如下：

```
//frameworks/base/core/java/android/app/LoadedApk.java
static final class ServiceDispatcher {
…
    private final Handler mActivityThread;
    …
    private static class InnerConnection extends IServiceConnection.Stub {
        final WeakReference<LoadedApk.ServiceDispatcher> mDispatcher;
        InnerConnection(LoadedApk.ServiceDispatcher sd) {
            mDispatcher =
        new WeakReference<LoadedApk.ServiceDispatcher>(sd);
        }
        public void connected(ComponentName name, IBinder service,
boolean dead) throws RemoteException {
            LoadedApk.ServiceDispatcher sd = mDispatcher.get();
            if (sd != null) {
```

```
                sd.connected(name, service, dead);//1
            }
        }
    }
    …
    //2
  public void connected(ComponentName name, IBinder service, boolean dead) {
        if (mActivityThread != null) {
            mActivityThread.post(new RunConnection(name, service, 0, dead));
        } else {
            doConnected(name, service, dead);
        }
    }
    …
}
```

在注释 1 处调用 ServiceDispatcher 类型对象 sd 的 connected()方法。connected()方法在注释 2 处定义，方法中调用了 Handler 类型的对象 mActivityThread 的 post()方法。mActivityThread 实际指向的是 ActivityThread 的内部类 H，最终通过 H 类的 post()方法将 RunConnection 对象的内容在主线程中运行，RunConnection 是 LoadedApk 的内部类，代码如下：

```
//frameworks/base/core/java/android/app/LoadedApk.java
private final class RunConnection implements Runnable {
RunConnection(ComponentName name, IBinder service, int command,
boolean dead) {
mName = name;
        mService = service;
        mCommand = command;
        mDead = dead;
    }
public void run() {
        if (mCommand == 0) {
           doConnected(mName, mService, mDead);//1
        } else if (mCommand == 1) {
           doDeath(mName, mService);
        }
    }
    final ComponentName mName;
    final IBinder mService;
    final int mCommand;
    final boolean mDead;
}
```

在 RunConnection 的 run()方法中调用注释 1 处的 doConnected()方法，该方法的代码如下：

```
//frameworks/base/core/java/android/app/LoadedApk.java
public void doConnected(ComponentName name, IBinder service, boolean dead) {
 …
if (service != null) {
    …
    mConnection.onServiceConnected(name, service);//1
}
}
```

在注释 1 处调用 mConnection 的 onServiceConnected()方法，mConnection 的类型是 ServiceConnection，这样客户端中 ServiceConnection 接口实现类的 onServiceConnected()方法就会被调用。至此，Service 绑定过程分析结束。

Service 绑定过程的时序图如图 7-9 所示。

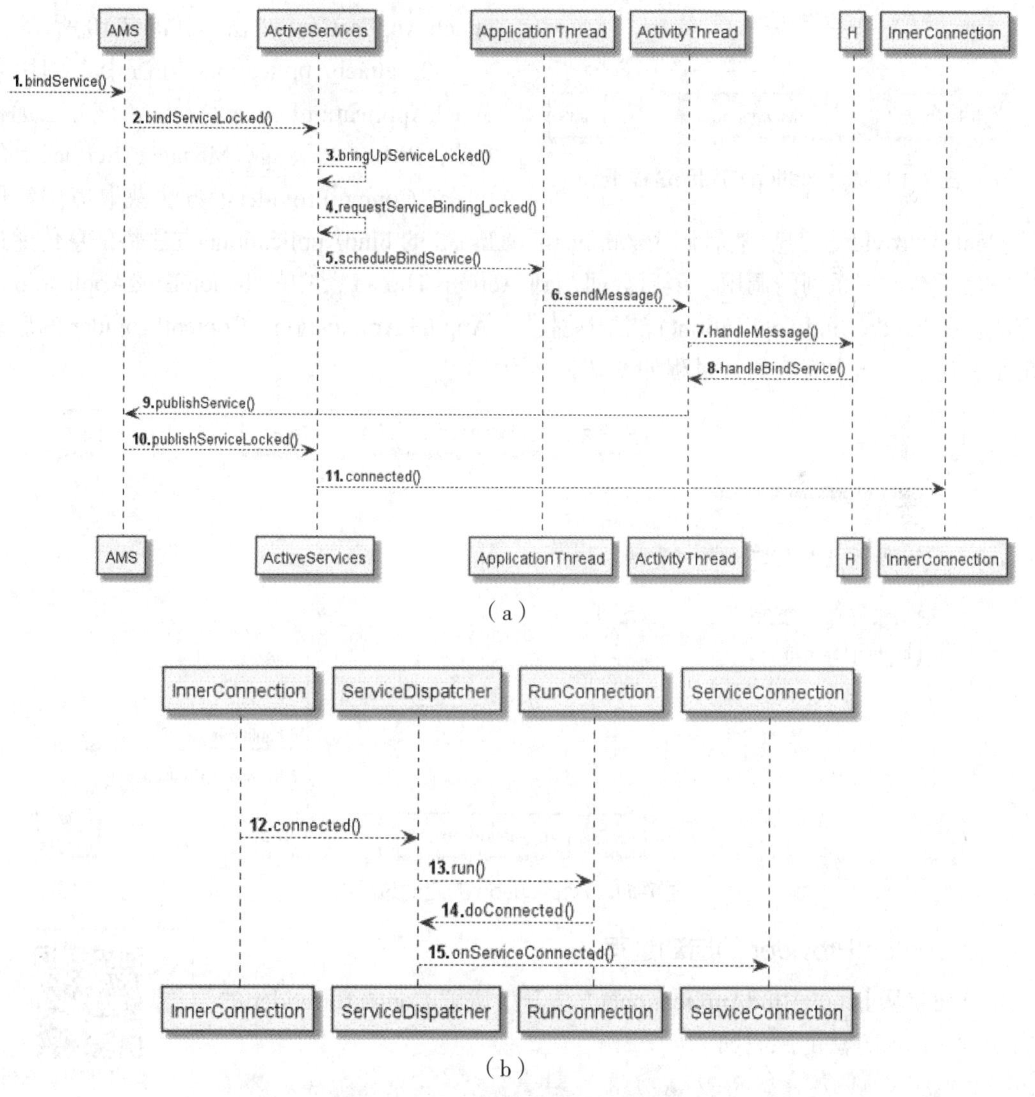

图 7-9 Service 绑定过程的时序图

（五）ContentProvider 的启动过程

在 Android 系统中，应用程序之间是相互独立的，分别运行在自己的进程中。ContentProvider 能让程序实现数据共享。下面介绍 ContentProvider 的启动过程及其背后的工作机制，这有助于我们更好地了解 ContentProvider。

1. Application 的启动过程

ContentProvider 的启动是在 Application 的 onCreate()方法之前完成的。所以，先来看一下 Application 的启动过程。

图 7-10　Application 的启动过程 1

ActivityThread 中的 main()方法可以看作整个 App 的入口，在 main()方法中创建了 ActivityThread 对象，并调用了它的 attach()方法。在 attach()方法中远程调用 AMS 的 attach Application()方法，如图 7-10 所示。

在 attachApplication()方法中，调用了 attachApplicationLocked()方法，该方法远程调用 PMS（Package Manager Service）的 query ContentProviders()方法获取应用注册的 ContentProvider 信息，然后调用 ApplicationThread 的 bindApplication()方法将信息传递过去。之后经过一系列的调用，最后会回调到 ActivityThread 类中的 handleBindApplication()方法。在 handleBindApplication()方法中创建了 App 的 Application，ContentProvider 的启动也是在这个方法中完成的，过程如图 7-11 所示。

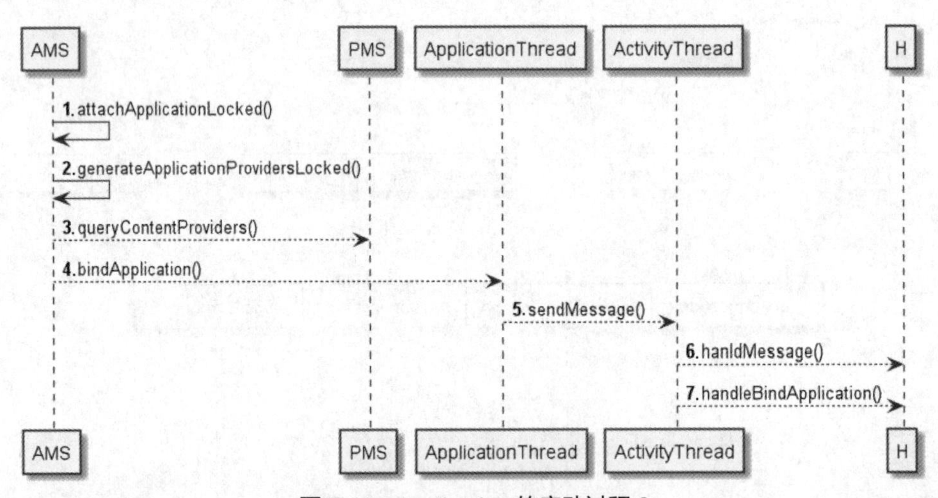

图 7-11　Application 的启动过程 2

2. ContentProvider 的启动过程

认识安卓组件的相关原理-4-ContentProvider

下面就从 handleBindApplication()方法开始讲解 ContentProvider 的启动过程，该方法的源码如下：

```
//frameworks/base/core/java/android/app/ActivityThread.java
private void handleBindApplication(AppBindData data) {
```

```
    …
data.info = getPackageInfoNoCheck(data.appInfo, data.compatInfo);
    …
Application app;
…
try {
        app = data.info.makeApplication(data.restrictedBackupMode, null);//1
        …
if (!data.restrictedBackupMode) {
if (!ArrayUtils.isEmpty(data.providers)) {
                installContentProviders(app, data.providers);//2
                …
            }
}
…
try {
mInstrumentation.callApplicationOnCreate(app);//3
} catch (Exception e) {
            …
}
} finally {
    …
}
…
}
```

在注释 1 处创建 Application 对象。在注释 3 处，通过 mInstrumentation 对象，回调 Application 的 onCreate()方法，这意味着 ContentProvider 所在的应用程序被启动了。在应用程序启动之前的注释 2 处，调用 installContentProviders()方法安装 ContentProvider，该方法的代码如下：

```
//frameworks/base/core/java/android/app/ActivityThread.java
private void installContentProviders(
        Context context, List<ProviderInfo> providers) {
    final ArrayList<ContentProviderHolder> results = new ArrayList<>();
    for (ProviderInfo cpi : providers) {//1
        …
        ContentProviderHolder cph = installProvider(context, null, cpi,
                false /*noisy*/, true /*noReleaseNeeded*/, true /*stable*/);//2
        if (cph != null) {
            cph.noReleaseNeeded = true;
            results.add(cph);
        }
```

```
        }
        try {
            //把安装结果发布到ActivityManagerService
            ActivityManager.getService().publishContentProviders(
                getApplicationThread(), results);//3
        } catch (RemoteException ex) {
            throw ex.rethrowFromSystemServer();
        }
    }
```

在注释 1 处遍历当前应用程序进程的 ProviderInfo 列表，并在注释 2 处调用 installProvider()方法逐一安装，在注释 3 处通过 AMS 的 publishContentProviders()方法将其发布到 AMS，保存在 AMS 的 rnProviderMap 中。

下面通过 installProvider()方法的源码查看安装过程：

```
//frameworks/base/core/java/android/app/ActivityThread.java
private ContentProviderHolder installProvider(Context context,
            ContentProviderHolder holder, ProviderInfo info,
            boolean noisy, boolean noReleaseNeeded, boolean stable) {
        ContentProvider localProvider = null;
        if (holder == null || holder.provider == null) {
            …
            try {
                final java.lang.ClassLoader cl = c.getClassLoader();
                LoadedApk packageInfo = peekPackageInfo(ai.packageName, true);
                 …
                localProvider = packageInfo.getAppFactory()
                        .instantiateProvider(cl, info.name);//1
                 …
                 localProvider.attachInfo(c, info);//2
            } catch (java.lang.Exception e) {
                …
            }
        } else {
        …
    }
```

在注释 1 处，创建 localProvider 对象，在注释 2 处，调用其 attachInfo()方法，下面查看 attachInfo()方法的源码：

```
//frameworks/base/core/java/android/content/ContentProvider.java
public void attachInfo(Context context, ProviderInfo info) {
    attachInfo(context, info, false);
    }
private void attachInfo(Context context, ProviderInfo info, boolean testing) {
…
        if (mContext == null) {
```

```
            mContext = context;
            …
            ContentProvider.this.onCreate();//1
        }
    }
```

从注释 1 处可以看出，在 attachInfo()方法里面调用了 ContentProvider 的 onCreate()方法。至此，ContentProvider 就启动了。

认识安卓跨进程通信的相关原理

任务 4 认识 Android 跨进程通信的相关原理

（一）基本概念

1. 进程隔离

在操作系统中，进程之间的内存和数据都是不共享的，一个进程不能直接操作或者访问另一个进程。这是为了避免进程 A 的数据写入进程 B 这种进程间相互干扰的现象发生，从而保证其安全性。为了实现进程隔离，采用了虚拟地址空间，两个进程各自的虚拟地址不同，从而防止进程 A 将数据信息写入进程 B。

2. 跨进程通信

为了使不同的进程之间能互相访问资源并进行协调工作，需要进行跨进程通信（InterProcess Communication，IPC），也可以称为进程间通信。

3. Binder

Binder 的中文含义是“黏合剂”，意味着能把各个组件黏合在一起，起到桥梁的作用。在 Android 中，它是一种高效的跨进程通信机制，采用 C/S 架构模式，基于内存映射（mmap），在内核空间将客户端和服务器端两个用户空间的进程联系在一起。

（二）进程空间划分

操作系统从逻辑上将虚拟空间划分为内核空间（Kernel Space）和用户空间（User Space）。内核空间是系统内核运行的空间，用户空间是用户程序运行的空间。为了保证安全性，它们之间是隔离的，如图 7-12 所示。

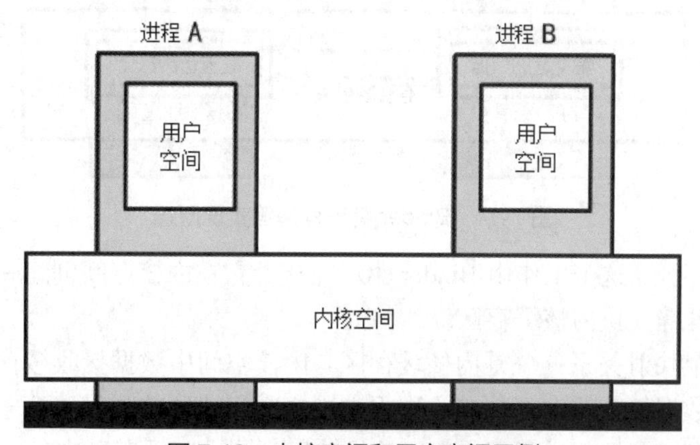

图 7-12 内核空间和用户空间示例

（三）Binder 跨进程通信机制

1. 内存映射

Binder 跨进程通信机制中涉及的内存映射通过 mmap()方法来实现，mmap()是操作系统中一种内存映射的方法，它能将用户空间的一块内存区域映射到内核空间，如图 7-13 所示。

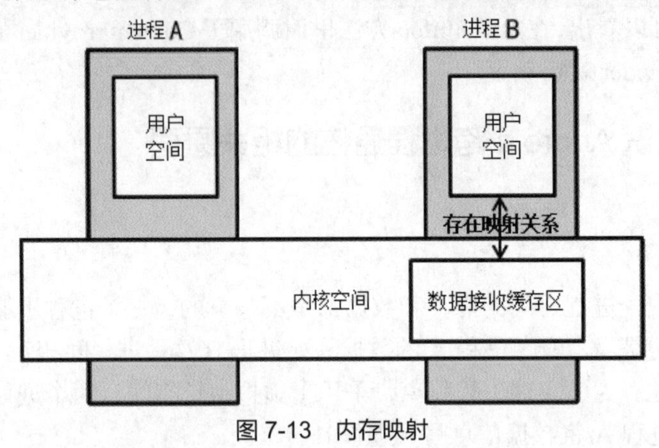

图 7-13　内存映射

映射关系建立后，用户对这块内存区域的修改可以直接反映到内核空间；同理，内核空间对这段区域的修改也能直接反映到用户空间。

2. Binder 跨进程通信实现原理

Binder 跨进程通信是基于内存映射（mmap）来实现的，如图 7-14 所示。

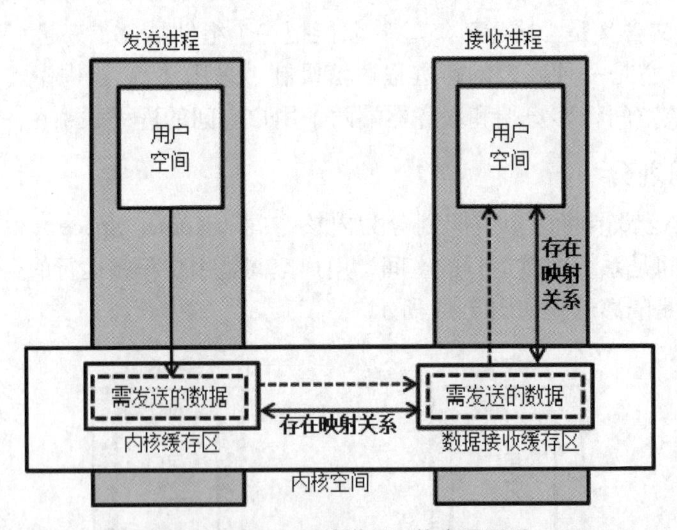

图 7-14　Binder 跨进程通信实现原理

首先创建缓存区。这个工作由 Binder 驱动完成，它在内核空间创建一个用于接收数据的缓存区，接着开辟一块内核缓存区。

然后建立两个映射关系：一是内核缓存区与内核空间中数据接收缓存区的映射关系，二是内核空间中数据接收缓存区与接收进程中用户空间地址的映射关系。这两个映射关系能够保证内核缓存区和接收进程用户空间地址映射到同一个缓存区中。

这时如果发送进程需要将数据发送给接收进程，会先通过系统调用 copy_from_user() 方法将数据复制到内核缓存区，由于内核缓存区和接收进程的用户空间存在内存映射关系，因此这就相当于把数据发送到了接收进程的用户空间，这样便完成了跨进程通信。

3. Binder 跨进程通信模型

了解完 Binder 跨进程通信的实现原理后，我们再来看看实现层面的设计。

Binder 跨进程通信模型有 4 个角色：Client、Server、Binder Driver（Binder 驱动）、ServiceManager。其中 Client、Server、ServiceManager 运行在用户空间，Binder Driver 运行在内核空间。BinderDriver 和 ServiceManager 属于 Android 基础架构，已经由系统实现好了，Client 和 Server 则属于 Android 应用层，需要开发者自行实现。下面对模型做一个简单描述，如图 7-15 所示。

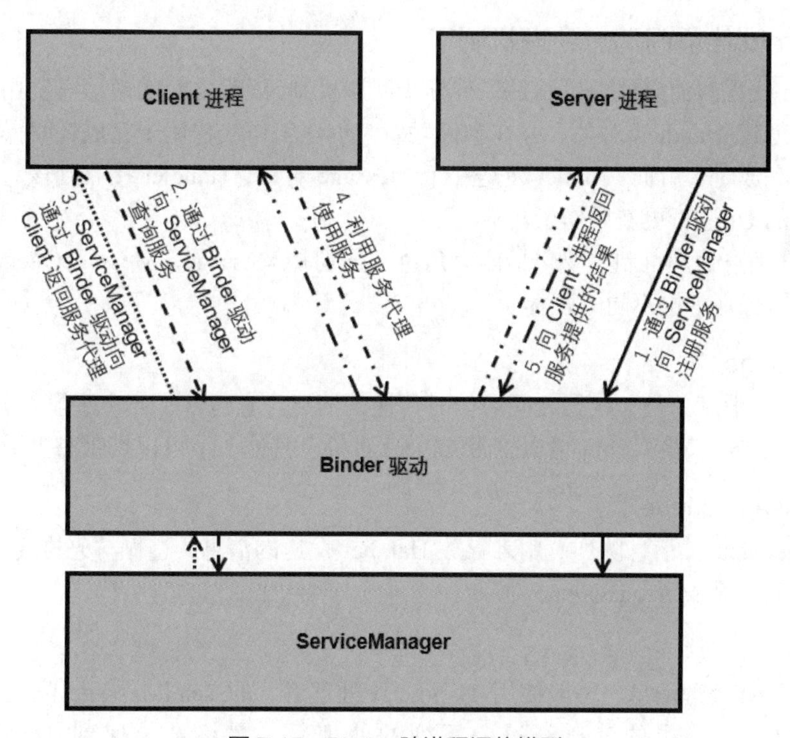

图 7-15 Binder 跨进程通信模型

注册服务器端。Server 进程向 Binder 驱动发起服务注册的请求，向 Binder 驱动的全局链表 binder_procs 中插入服务器端的信息，Binder 驱动将请求转发给 ServiceManager 进程，向 ServiceManager 的 svcinfo 列表中缓存需要注册的服务。

获取服务，拿到服务代理。Client 进程向 Binder 驱动发起获取服务的请求，Binder 驱动将该请求转发给 ServiceManager 进程，ServiceManager 进程在 svcinfo 列表中查找该服务是否已经注册，若已注册，通过 Binder 驱动将服务代理返给 Client 进程。

使用服务。Binder 驱动使用 mmap 实现内存映射，Client 进程将请求参数发送给 Server 进程，Server 进程根据 Client 进程的要求，调用目标方法，并将目标方法的结果返给 Client 进程。

任务5 认识Android线程间通信的相关原理

认识安卓线程间通信的相关原理

（一）基本概念

1. 线程的分类

Android 可以将线程分为主线程（MainThread）和工作线程（WorkerThread）两大类。

2. 为什么要进行线程间的通信

主线程又称 UI 线程，跟 UI 相关的操作都运行在主线程中，而工作线程不操作 UI 组件。另外，在主线程中执行耗时操作（超过 5s），会造成 ANR（Application Not Responding）。所以，需要启动一个工作线程（子线程）执行耗时操作，耗时操作完成后，需要通知主线程更新 UI。

（二）Android 线程间消息处理机制

Android 线程间消息处理机制是一种异步回调机制，线程之间的通信需要用到 Handler。在主线程中创建 Handler 对象，并在事件触发时创建工作线程用于完成耗时操作，当工作线程的任务完成时，就向 Handler 发送一个 Message 对象，Handler 接收到该对象后，就可以对主线程的 UI 进行更新操作了。

Android 消息处理机制主要包括四大角色，分别是 Message、MessageQueue、Handler、Looper。它们分别承担不同的职责。

1. Message

Message（消息）是在线程之间通信时传递的消息。它包含了 4 个字段，分别是 arg1、arg2、what 和 obj，其中，obj 可以携带 Object 对象，其他 3 个可以携带整型数据。

2. MessageQueue

MessageQueue（消息队列）用来存放 Handler 发送的消息，遵循“先进先出”的原则，每个线程只有一个 MessageQueue 对象。

3. Handler

用于发送和处理消息。一般使用 Handler（处理者）的 sendMessage()方法将消息发送到消息队列中，发出的消息经过一系列的处理后，最终被传递到 Handler 对象的 handleMessage ()方法中进行处理。

4. Looper

每个线程只有一个 Looper（轮询器）对象。Looper 通过调用 loop()方法，进入一个无限循环中，每当发现消息队列中存在一条消息时，就会将它取出来，并传递到 Handler 的 handleMessage()方法中。

需要注意的是，每个 Handler 必须对应一个 Looper。Handler 对象在哪个线程下创建，那么 Handler 就会持有该线程的 Looper 引用和该线程的消息队列的引用。系统在启动时已经帮我们创建好了主线程中 Handler 对象对应的 Looper，所以不用手动创建 Looper 对象。但子线程的 Handler 对象需要调用 Looper.prepare()和 Looper.loop()方法，以便把普通的工作线程变成 Looper 线程，并开启消息循环模式。

Handler 消息处理机制原理如图 7-16 所示。

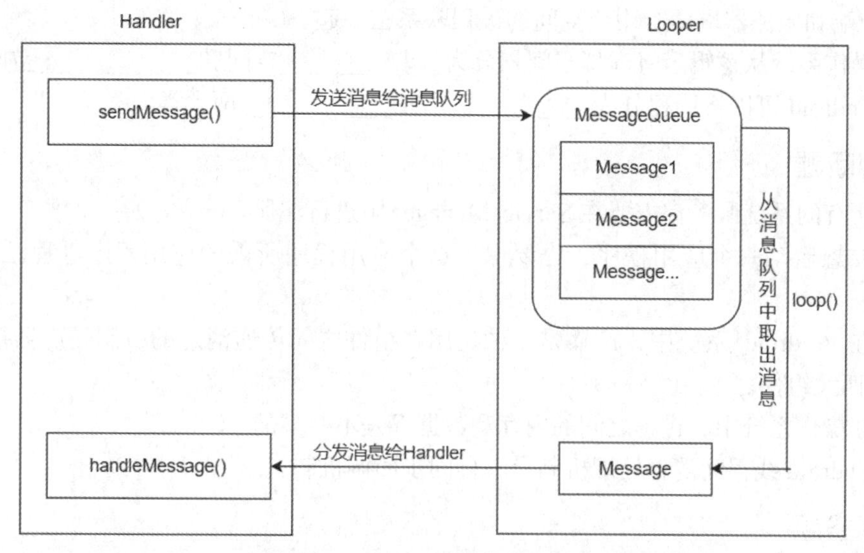

图 7-16 Handler 消息处理机制原理

在主线程创建一个 Handler 对象，在子线程中调用 Handler 对象的 sendMessage()方法发送消息，消息被存放在主线程的消息队列 MessageQueue 中；采用 Looper 对象的 loop()方法取出消息队列中的消息，并分发给 Handler 的 handleMessage()方法进行处理。

四、项目总结

本项目主要介绍了 Android 底层原理的相关知识，包括 Android 系统服务的启动原理和工作原理、Android 系统进程启动过程、Android 组件的相关原理、Android 跨进程通信的相关原理和 Android 线程间通信的相关原理等。要求读者掌握以下几个方面的知识和技能。

- 掌握 Android 系统服务的启动原理和工作原理。
- 掌握 Android 系统进程启动过程中的一些重要机制的初始化原理。
- 理解 Android 组件启动原理、绑定原理、注册和收发原理和数据传输原理等。
- 理解 Android 跨进程通信、对象传递等进程通信原理。
- 理解 Android 线程间消息传递机制、消息循环机制及其相关原理。

五、课后练习

（一）填空题

1. ____________进程加载和初始化一些核心类库，并创建一个服务器端 socket，等待 AMS 发起 socket 请求。

2. 在 Android 应用程序框架层中，由______________________组件负责为 Android 应用程序创建新的进程。

3. 广播的注册分为_____________和_____________两种方式。

4. Service 组件的启动方式有两种，一种是通过______________________启动 Service，另一种是通过______________________绑定 Service。

5. 在 Android 中，Binder 机制采用__________架构模式，基于内存映射，在内核空间将客户端和服务器端两个用户空间的进程联系在一起。

6. 操作系统从逻辑上将虚拟空间划分为__________空间和__________空间。

7. Android 可以将线程分为__________和__________两大类。

（二）判断题

1. 所有的系统服务都需要在 ServiceManager 中进行注册。（　　）

2. 要想启动一个应用程序，先要保证这个应用程序所需的应用程序进程已经启动。（　　）

3. 在 Android 系统中，广播是一种运用在组件之间传递消息的机制，广播接收者是 Android 四大组件之一。（　　）

4. 在操作系统中，进程之间的内存和数据都是不共享的。（　　）

5. Android 线程间消息处理机制是一种同步回调机制。（　　）

（三）简答题

1. 请简述应用程序进程的创建过程。

2. 请简述根 Activity 的启动过程。

3. 请简述无序广播的发送和接收流程。

4. 请简述 Service 组件的启动过程。

5. 请简述 Binder 跨进程通信的实现原理。

6. 请简述 Android 线程间消息处理机制。